マンガde

電気回路

高橋達央[著] Takahashi Tatsuo

電気書院

前　書　き

私たちの身の回りには、電気製品がたくさんあります。朝起きてから夜寝るまで、電気を使わない生活は考えられません。ところが、それほど私たちの生活と密接な関係にある電気であるのに、原理や構造を知っている人は、なんと少ないことでしょうか。

たしかに、電気の知識がなくても電気製品は使えます。冷蔵庫やエアコンの構造など知らなくても、たとえば冷蔵庫の電源コードをコンセントに差し込んでおけば、中に入っている飲み物を冷やしてくれます。エアコンで室温の温度を調整して、快適な生活を送ることもできます。

しかし、知って使うのと知らないで使うのとでは、大きな違いがあります。

まず、生活のパートナーの素性を知らないで暮らすということは、いささか不安なものです。電気は、朝起きてから夜寝るまで、というより、寝ている間も電気は必要なわけですから、一日２４時間、３６５日、未来永劫のパートナーです。奥さんや御主人より緊密な間柄なわけです。

相手をよく知らないで結婚する人はいないでしょう。お見合い結婚というのもありますが、自分に相応しい相手であると分かった上で結婚するものです。だから安心して、共に暮らしていけるのです。まぁ、中には、途中で結婚という契約を反古にし、お互いが別々の生活を始めるケースもありますが、それでも、お互いの性格が合わないということがわかったことによる離婚ですから、相手に関する情報はたくさんもっていることになります。

ところが、御夫婦以上に付き合いが長いはずの電気に関しては、ほとんど知らないという方がなんと多いことでしょう。そうした方々は電気の修理などできませんから、突然電気製品がトラブった場合には大変です。大あわてです。たとえ、ちょっと手を加えるだけで直せるものでも、あわてて電気屋さんに修理に持っていくことになります。あるいは、壊れてもいない電気製品を壊れたと勘違いして、新品を購入することになります。なんと無駄なことでしょう。お金の無駄だけでなく、資源の無駄にもなり、ゴミを増やすことにもなります。知識がないということに、プラスの要素はありません。

また、電気回路の原理や構造を知っていると、電気製品を購入する際の製品の性能の基準がわかります。したがって、消費電力がどのくらいであるとか、機能がどれほど優れているかという基本的なことを知っていますから、その商品の優秀さや省エネ度は店員に聞かなくてもわかるわけです。

つまり、電気製品選びで得をします。

さらに、知識が豊富であるということは、それだけで周囲の人たちからは一目置かれる存在になれるということです。これは嬉しいことです。自分の存在が認められていることですから、日々の過ごし方も自信にあふれ、前向きな人生が送れます。まぁ、ちょっと大げさかもしれませんね。しかし、電気回路に博学であれば、それはあなたの個性であり、大きな武器になることは間違いありません。もちろん、学校の勉強にとって大いにプラスであることは言うまでもありません。

ただし、電気回路を学ぶということは、易しいことではありません。トコトン突き詰めて勉強しようと思ったら、大変な努力が必要です。

これは、どの分野の勉強でも言えることです。しかも、どんな勉強も奥が深く、学べば学ぶほど、たくさんの問題と疑問点が見えてきます。今度は、そうした疑問点を克服しようと、勉強を続けていくことになります。それがまた、勉強のおもしろさだったりします。

本書一冊だけで、電気回路の何たるかをすべて網羅することは不可能です。学問や勉強には段階があり、入門程度の内容から専門的な内容まで、さらに奥の深い内容に至るまで、たくさんの段階があります。

初めは、難しい内容は避け、ごくごく簡単な内容から入った方が良いでしょう。その段階で、電気回路の全体のフィールドを把握しておくことで、後々の発展的な勉強に役立ちます。

そこで、電気回路の入門前の入門書といえるような、電気回路の入口部分を紹介するために本書を書きました。

徹底的に分かりやすくするために、マンガ仕立てにしてあります。おそらく、本著以上に易しい電気回路の本はまずないでしょう。それほど、分かり易く紹介してあります。しかも、必要な知識はページの許すかぎり、目一杯網羅したつもりです。

これから電気回路を勉強しようと思っておられる諸氏が、わずか2～3時間ほどで読めるはずです。本著によって電気回路の概要を把握し、そのあとでより専門的な書籍に接することで、内容がより一層理解できることと確信します。

また、本著が、中学生や高校生の学校での副読本として利用されんことも、併せて希望いたします。

2009年1月吉日

高橋　達央

目次

第一章　電気回路とは

第二章　直流と交流

第三章　身の回りの電気回路

第四章　電気の法則

第五章　便利な定理

★登場人物

東大寺　英介：
東東京大学の大学院電気工学科博士課程で学ぶ秀才。真一の家から大学に通っている。
真一の従兄弟。

堂本　慎太郎：
東東京大学電気工学科教授。
東大寺英介の担当教授。
学生時代は卓球部だった。

田崎　真一：
土支田高校一年Ｂ組。小中学校で電気を学んではいるが、ほとんど覚えていない。理科系が苦手。
卓球部。

篠川　涼子：
土支田高校一年Ｂ組。16歳。
電気の知識はほとんどない。
真一と同じ卓球部。

田崎　竜太郎：
真一の父。43歳。真一より、少しは電気を知っている。
田崎　恵美子：
真一の母。40歳。体育会系の母親。

第一章　電気回路とは

(1) 電気回路と電子回路

ぼくたちの生活って電気なしでは考えられないね…
そうだね
ＩＴ社会になってますます電気の利用が増えてるしね…
キュンキュン
英介さんは大学で電気を学んでいるから電気のことは何だって知ってるでしょ
そんなことないよ 科学の世界は日進月歩で進んでいるしね 知らないことだらけだ
ふ～ん
でも　電気の基本的なことはだいたいわかるよ

じゃあ　ぼくに電気のこと教えてくれない?
いいけど…
でもどうしたの?
実は　高校の物理の授業さっぱりわかんなくてさぁ
教えてもらえたら
ホント助かるよ～
えへへ
はははは
こっちは親戚とはいえ真一君ん家にタダで下宿させてもらってる居候だからね
少しでもお役に立てたら肩身が狭くなくなるってもんだよ
イエーイ!
●東大寺　英介　東東京大学大学院電気工学科博士課程で学ぶ秀才。親戚の真一君の家から大学に通っています。
●田崎　真一　土支田高校一年生　物理が苦手で、とくに電気の分野が苦手です。

3
（1）電気回路と電子回路

ところで真一君はどのくらい電気について知ってるの？
どのくらいって…
まぁ　電気が目に見えないってことくらいかな…
つまりほとんど知らないんだ…
電気はもちろん目に見えないし電気を取り出してどうこうはできないよね
それって電気を切ったり曲げるなんてできないってこと？
うん　つまり電気を利用するには装置が必要なんだよ
たとえばパソコンやテレビは電気がないと稼働しないよね
そうだね
そうした装置は電気回路や電子回路で構成されているんだよ！

電気回路と電子回路…！
たとえば電力会社が電力を供給し各家庭に電気が送られてくるよね
そして 電流がコンセントから導線を通ってパソコンやテレビなどの負荷で仕事をするんだよ
おかげでぼくたちはパソコンを使いテレビを観ることができる
電気回路
電流
電源
負荷
負荷…？

5
（1）電気回路と電子回路

ねえ英介さん電源とか負荷って何なの？
電源というのは電気回路に電気を供給する
つまり電力を生ずる源だよ
負荷は電球などのように電気の供給を受けて仕事をする素子のことだよ
ふ～ん…
つまり電気回路はこのように電源と負荷の間に抵抗などの回路素子を組み合わせて接続してあるんだよ
負荷
可変抵抗
電源

電気機器の導線が切れていたら？
当然電気は流れない
やっぱり
真一君恥ずかしがることはないよ
回路のどこも切れていない
つまり回路が閉じていることが電気回路に電気が流れる条件なんだよ
あのー質問があるんだけど
なんだい？

7
（1）電気回路と電子回路

電流が電線を流れて負荷で仕事をするということはわかったけど
仕事のあとでその電流はどこへ流れて行くの？

流れ流れて旅へ出るわけではなく電流は再び電源に戻っていくんだよ
へ～そうなんだ…
I
E
こんなふうにね！
まるで山手線の電車みたい

ところで さっき 電子回路って 言ったよね
それって 電気回路と どう違うの?
たとえば　電気回路には 抵抗やコイルなどの 回路素子が用いられて いるわけだけど
それ以外にも ダイオードや トランジスタなどの 高度な機能を持った素子で 構成されているのが 電子回路というわけなんだ
抵抗
ダイオード
トランジスタ
だったら 電気回路を勉強するより 電子回路を勉強したほうが いいんじゃないの?
いやいや 電子回路は あくまで 電気回路が 発展したもの だからね
電気を知るには まず基本となる 電気回路を 勉強しなきゃ!
なるほど
何事も 基本が第一って ことね

9
（1）電気回路と電子回路

真一君が高校の部活でやっている卓球だって基本が大事でしょ
シュシュシュ
まーね

ところで夏の地区予選には土支田高校代表として出られそうかい？
部内の選考試合で上位に入れば出られるけど微妙かなぁ…
へへ

P チェックポイント

・電気回路において、電源と負荷の間に回路素子を組み合わせることで、負荷の動作が可能になります。
・電子回路は、一般的に、電気回路が発展した複雑な回路になっています。

(2)電流
土支田高等学校
…真一君の従兄弟ってそんなに電気に詳しいの？
なんてったって東東京大学大学院電気工学科博士課程だからね
すごい秀才ね
うわぁ
だろ！
篠川涼子

11

(2) 電 流

同じ従兄弟なのに大違いよね…
くすっ
ななんだよ～
それで真一君は
従兄弟さんにどのくらい電気について知ってる?と聞かれてどう答えたの?
電気が目に見えないってことくらいかなって答えたよ
バッカじゃないの!それじゃあ小学生と変わんないじゃない
だ だって本当だもん…

じゃあ涼子ちゃんならどう答えたんだよぉ?
そ そうね…
電流と電圧は知ってます
って答えたと思うわ
あ そうか
電流と電圧くらいならぼくも知ってるよ
しまった〜 そう言えばよかったな〜
で 電流と電圧のほかに何か知ってる?
……
電…卓に……
…電池に…
えれれと…
ニヤリ
うふふ 涼子ちゃんもぼくと大差ないね…

ねえ真一君
わたしも真一君と一緒に英介さんに電気を教わりたいんだけどいいでしょ？
いいよ
ただし
電気じゃなくて電気回路だからね！

田崎
…涼子ちゃんも真一君と同じ卓球部なんだって?
田崎
ええ
卓球はどっちが強いの?
そ そんなこと聞かなくたっていいじゃんか
電気と関係ないんだしさぁ〜
もちろんわたしです!
だろうね
ど どういう意味よ〜

やっぱり彼女主導だな
田崎家の男って代々女性に弱いんだよね…
それで涼子ちゃんは電気についてどのくらい知っているのかな？
そらきた！
電流と電圧くらいなら知ってます！
おほほほ

じゃあ
電流と電圧に
ついて
説明してみて
え
え〜と…
ほらほら
どうしたの
ちゃんと
説明して
みなさい
うるさいわね〜
今度試合やったら
ストークで
負かしちゃうわよ
ごめんな
さい〜
「ストーク」というのは卓球用語で、
相手に1点も与えずに
1セットを取ることです。
じゃあ　まず
電流について
話して
みよう…
お願い
します！

17
(2) 電　流

ゴシゴシ
ゴシ
下敷き
このように
物体を擦ると電気が生じることがあるよね
静電気ね
そう
この電気を電荷といい電荷の流れを電流というんだよ
ね 難しくないでしょ？
はい！
これならわかる！

電気は簡単なんだよ
かんたん
だからあまり難しく考えなくていいんだよ
かんたん
かんたん
かんたん
ただし物事は万事1が分かれば2 2が分かれば3…
というようにどんどん新しいことが待っているよ卓球もそうでしょ？
たしかに
1
2
3
卓球も基本がわかればワンランク上のステップがあってそれをクリアするとまた次のステップが待ってるわね
そうやってどんどん複雑な技術が使えるようになるわ
うんわかるわかる

19
(2) 電　流

上手くなれば上手くなったでレベルの高いステップが待ってんだよね
あなたが言うと説得力がないわね
えへへ…
電気は導線の中を流れるわけだけど
負の電荷をもつ電子が移動
実際はというと導線の中を負の電荷をもつ電子が移動しているんだよ
負の電荷？
電子？

なるほど
さっそくステップアップですね
らん！
いや　まだ初歩のさらに入門段階だね
あら～～～
電子の流れ ＝ 電流
英介さん
てことは電流というのはようするに電子の流れということですか？
そういうこと！よく分かったね真一君
うそぉ
まぁこれくらいどおってことないっすよ
じゃあ電子とは？
聞いたことあるんだけどよくわかりません

21
(2) 電　流

わかりませ〜ん
No No
あははは
チラッ
たとえば電池を考えてごらん
電流は電池のプラスからマイナスの方向に流れることは知ってるよね？
+
−
それくらいは知ってます
小学校の理科の時間に教わってますから
ぼくも知ってます

いいでしょう
ところが電子は負の電荷を持っているために導線の中を電池のマイナスからプラスの方向に移動するんだ
電子
（−）
（導体）
（＋）
てことは
電流が流れる方向と電子の方向は逆なんですか？
電流
電子
そういうことになるね
…？
なんで？なんで？
じつは電流の方向を決めた後になって電子が発見されたからそういうことになったんだよ
電流の方向を決定
（その後）
電子が発見される
へぇ～
それで…

すべての物質は
原子でできていて
さらに原子は
正の電気を持つ
原子核と
負の電気を持つ
電子から
できているんだよ
そして
電子の一部は
物質によっては
物質内を
自由に動き回れる
自由電子と
なるんだ
原子核
（＋）
電子
（－）
自由電子
（－）
じ　自由…
電子…

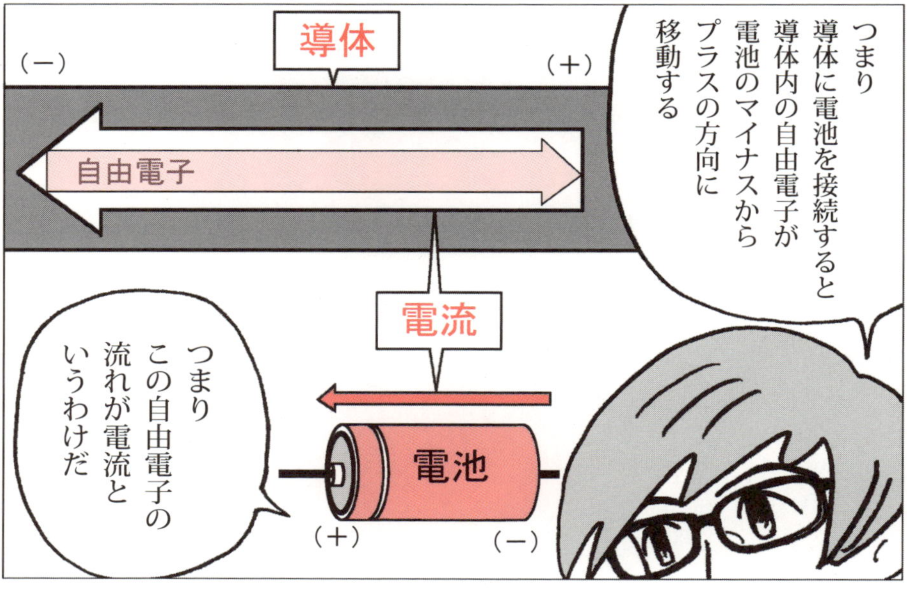
つまり
導体に電池を接続すると
導体内の自由電子が
電池のマイナスから
プラスの方向に
移動する
導体
（－）
（＋）
自由電子
電流
電池
（＋）
（－）
つまり
この自由電子の
流れが電流と
いうわけだ

あの導体って何ですか?
ずい
そうそう導体って何?
導体というのは電気をよく伝える物質のことだよ
てことは自由電子が多く移動する物質ってことかしら?
お! すごいね涼子ちゃんその通りだよ!
英介さん
逆に電気を伝えにくい物質はなんて言うの?
それは…
待って!
わたしが答えてあげる
それは非導体じゃないかしら?

ブーッ！
バツでした
やーい
間違えて
やんの
正解は
絶縁体もしくは
不導体といって
自由電子を
ほとんど持たない
物質だよ
ざんねん

英介さん
じゃあ
電荷と
いうのは？
電《でん》荷《か》
電荷は
電子が
持っている
電気の量の
ことだ

電流の大きさ（A：アンペア）は電荷の大きさ（C：クーロン）で表され、電子1個は-1.60×10^{-19}〔C〕という大きさの電荷を持っています。ちなみに　電荷には　プラスとマイナスがあります。

電流の大きさは
物体のある断面を
1秒間に通過する
電荷の量で
表すことが
できるんだよ

1秒間に…
時間
というこ とは もしかして 電流の大きさと 電荷の量には 決まった法則の ようなものが あるんじゃ ないですか
電荷
電流
うん
よく気が 付いたね
ど どういうこと 涼子ちゃん？
距離
ほら たとえば 時速とか 秒速なんかも 距離と時間が 分かれば 表わすことが できるじゃない
時間
時速50キロとか 秒速何キロと いうように
時速 50km/h
だから　今 英介さんが 1秒間に と言ったとき 同じような法則が あるんだろうな と ふと思ったのよ
なるほど すごいや 涼子ちゃん

(2) 電　流

で どんな関係があるんですか？
うん 電流は 一般的に I〔A〕 という記号で 表され 電荷は Q〔C〕 時間は t〔s〕で 表されるんだよ

そして それらの間には このような関係が あるんだ
$I=\dfrac{Q}{t}$〔A〕
つまり １〔A〕というのは ある断面に １秒間に １〔C〕の電荷が 流れるときの 電流の大きさ なんだよ

今日は電流という入口から様々なことを知ることができたね
はい
ひとつ分かればさらに新しい知識に結びついていくんですよね
勉強になりました
この調子でどんどん電気回路に詳しくなっちゃおうね
電流とくれば電圧なしには語れないわよね
たしかに
てことはまだ話し半分ってことじゃない…？

29
(2) 電　流

そーか
どう涼子ちゃん一気にいっちゃう？
いっちゃおう
てことで英介さん電流のついでに電圧のことも話してください！
では英介さんどうぞ！

わかった！

P チェックポイント

・電流が流れる方向と電子の方向は逆です。
・電流には発熱作用があります。

(3) 電圧
ちょっと この図を 見てごらん
秀才は絵も うまいってか……

この状態で 二つのタンクを つないでいる 弁を開くと どうなるかな？
タンクA
タンクB
弁
ポンプ
たぶん 水は 水位の高い タンクAから 水位の低い タンクBに 流れて いくんじゃ ないの…
そうね…

タンクAと
タンクBの水位は
同じになるんじゃ
ないかしら…
A
B
そうだね
水位
=
電位
電流も
これと同じで
水位に
相当するのが
電位なんだよ
つまり　電流も
電位の高いほうから
低いほうに流れるって
ことですか？
へ～
うん
そして
この電位の差を
電位差とか
電圧と呼ぶんだ！
電位差
電圧
つまり
電圧という字からも
分かるように
電圧は
電流を流すための
圧力のこと
なんだね

でも　一度水位が同じになったら水は流れなくなりますよね
ということは電流も流れないということじゃないですか
それだと電気は使えないと思うんだけど…
だよね涼子ちゃんの言う通りだよ
ねえ英介さんどうなってるの？
そこで低い水位のところから高い水位のところまでポンプで水を送ってあげれば水は再び流れ始めるよね
なるほど！
水車みたいなものだね

お！
冴えてきたね
真一君！
ぜったいマグレよ～
はい！

つまり
電気回路の場合も
ポンプのように
低い所から高い所へ
電気を送ってやれば
電気はどんどん
流れ続けると
いうわけだよ
そして
水車の役割
を果たすのが
電源なんだ
電源

ということは
電圧をつくるのが
電源なんだね
そう
そして
電圧を
つくる力を
起電力と
呼ぶんだよ

電位差・電圧・起電力の単位には［V：ボルト］が用いられます。

じゃあ地面の面の高さが水位0メートルなら電気回路では電位0〔V〕ということ?
そうよね
ところが　電気回路では好きな高さを設定して0〔V〕とすることができるんだよ
つまり設定した基準より高い電位であれば正の電位低い電位なら負の電位ということになる
でも人によって基準が違うとなにかと不都合が生じるんじゃないですか…
だよねぼくもそう思うな…
そうだね

そのため通常は電源のマイナス側を基準の0〔V〕と設定しているんだよ
0〔V〕に設定
電源
(+)
(−)
(1.5V)
(0V)
てことは普通の乾電池ならマイナス側が0〔V〕でプラス側がえ〜と…
1.5〔V〕
ようするに水位と同じように地面も常に0〔V〕ということだね
うん
0〔V〕

このように設定することで電源のマイナス側だけでなく回路中のある部分も0〔V〕にしたいと思えばその点を地面に接続して電位を0〔V〕にすることができるでしょ
地面に接続…？
英介さんどういうこと？
本来であれば電源のマイナス側はアースされているんだけどそのことはいちいち表示されていないんだよ
（＋）
電源
（−）
アース

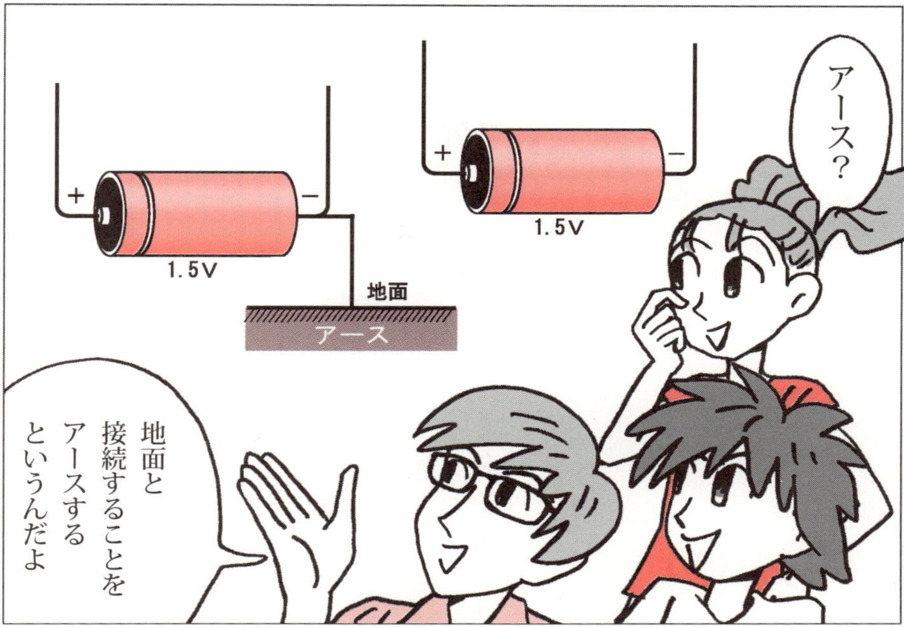
アース？
＋
－
1.5V
＋
－
1.5V
地面
アース
地面と接続することをアースするというんだよ

アースって聞いたことあるよね？
Earth
英語で地球っていう意味じゃない

そっか
地面つまり地球に接続するからアースか上手く言ったもんだね

P チェックポイント

・電位の差が電流の流れを生み、この電位の差を電位差または電圧といいます。

・電圧をつくる水車のような力が起電力です。

(4) アース
二人ともアースを知らないの?
地球なら知ってるよ
そうじゃなくて電気製品をアースしたりするでしょ
そのアースだよ
おいおいマジかよぉ〜
殺虫剤なら知ってるよ
ハイ アースってね
虫よけ

39
(4) アース

まいったな～
電気の知識がなくても電気製品は使えるけどアースは危険を回避するために必要なものだからね
知らないと危険だよ
どのくらい危険なんですか？
まさか死ぬなんてことはないでしょはは…
そのまさかだよ！
マジで？

電気回路でアースといえば地中に埋められた金属棒などと接続すること
アンテナへ
旧タイプの真空管ラジオ等
金属棒
つまり電気製品の本体を地面と電気的に接続することをアースと呼ぶんだ
どうしてそんなことをするんですか？
目的は様々だけど…
まず　洗濯機や電子レンジなどの電気製品による感電事故の防止のためだね
ビリビリビリ
電気製品から漏電して感電しないように漏電した電気をアースによって地面に逃がしてあげるんだ

41
(4) アース

これがアース線だよ
へ～家にもあったんだ
アースしていないと感電することがあるんですか？
そうビリッとくるよ
アース線
やだぁ感電したくない～
静電気だって大っ嫌いなのに～

その静電気用アースもあるよ
静電気が帯電することで起こる火災や落雷事故から建築物を守るために接地されるんだよ
アースのことを接地といいます。電気設備を、大地と接続することです。
か
雷か～
たしかに命の危険があるよなぁ～
コワ～～
落雷防止用には避雷針を使うんだよ
避雷針？

43
(4) アース

避雷針という金属棒を高い建築物のテッペンに立てるんだよ
そして　避雷針によって雷のエネルギーを地中に放電することで建物を落雷から守るんだよ
人間の知恵ってすごい～
スゲェ～～～
コクリ
雷を研究した人って命がけだったと思うね
うん…

おじゃましまーす ここが英介さんの部屋ですか
狭いですけどね
へー
あのぉ ぼくん家なんだけど…
…で さっきの話の続きだけど
第二次大戦直後は ラジオがよく使われていたんだけど 受信感度がかなり悪かったらしい
そこで 適当な長さのアンテナ線と 地中に埋めた金属棒 つまりアースを 使っていたんだね

(4) アース

現代でもそうしているの？
大戦前後のラジオ
見たことないわね…
今はこれよね…
最近は音響機器なども高性能になっているからアースの必要がなくなったんだね
だけどこのパソコンやファックス電話機などの電子機器にはアースを使っているんだ
デジタル装置に外部からノイズが入るとエラーが出てしまうからね
つまりノイズ対策ってことですか

それと
雷の強烈なスパークは
パソコンなんか
壊しちゃうからね
そのためにも
アースして
おいたほうが
いいんだよ

デスクトップタイプのパソコンなどは、現在でも3本足のプラグをコンセントに接続したりしています。これがノイズ対策用のアースです。また、地中に埋めた金属棒と大地との間に生じる抵抗を、接地抵抗といいます。

避雷針
高層建築
コンセント
3本足のプラグ
ラジオ放送用
のアンテナ
送電所

P チェックポイント

・電機製品の本体を、地面と電気的に接続することを、アースといいます。
・落雷防止には避雷針を使います。
・アースは音響機器のノイズ対策にもなります。

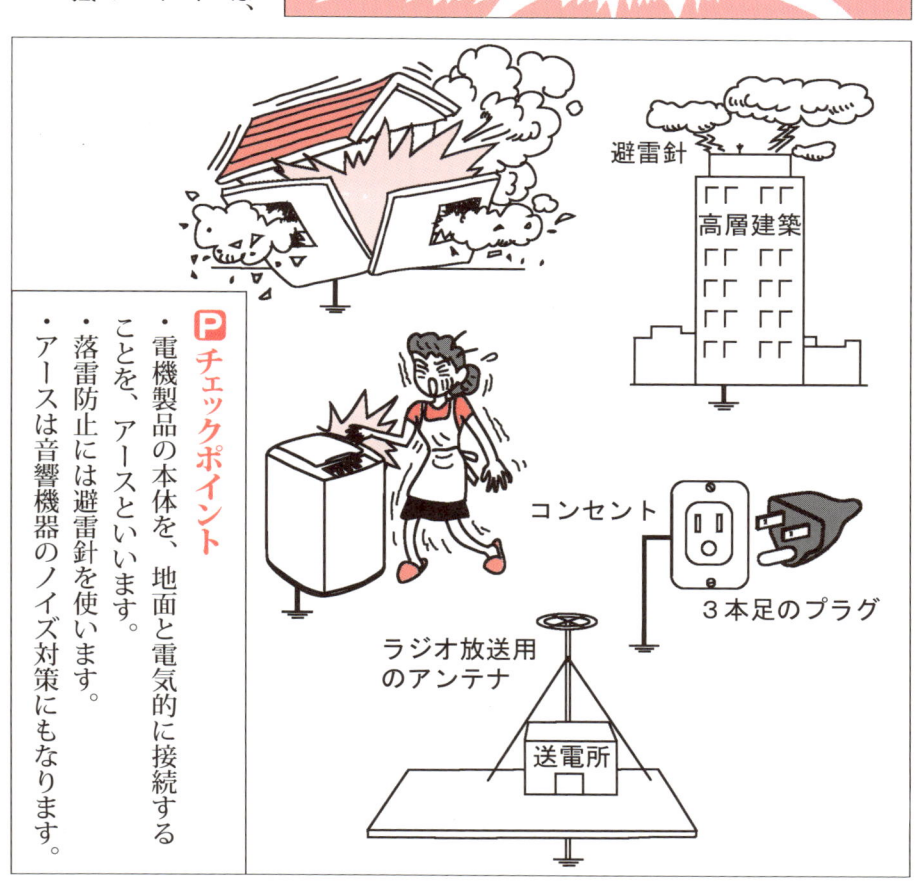

47
(5) 電　源

(5) 電源
電源には 電圧源と 電流源とが あるよ
このコンセントは 交流の電圧源なんだ
そしてこれが 直流の電圧源
電圧源というのは 流れる電流の大きさに 左右されずに 一定量の起電力を 発生させる 素子のことだよ
とくに 起電力が 時間的に 変化しないものを 直流電圧源と いうんだ
電源は 大事だよね
電源がないと 電気回路が 完成しないもんね
それと 回路が 閉じていることも 大事よね
だよね

二人とも　今日一日で　だいぶ電気回路の知識が　増えたね
そうですか　うれしい！
でも　まだ入口付近に　立った　段階でしょ
これから　ステップアップして　いくわけだから
そうね　がんばろっと！
ちなみに　電流源というのは　かかる電圧の大きさに　関わらず　ある決まった電流を　発生させる　素子のことだよ
そして　電圧源のように　電流が時間ごとに　変化しないものを　直流電流源というんだ
つまり　電流源というのは　回路に　どのような素子が　接続されていても
それとは関係なく　常に一定の電流を　流したいときに　用いられるんだ
電流源

49
(5) 電　源

英介さん
気が付いたんですけど
直流って　時間で
変化しないいん
ですね
うん
あとで出てくるけど
グラフに描くと　直流は
電圧が時間とともに
変化することのない
直線で描けるし
一方の交流は
直線ではなく正弦波形を
描いているんだよ
E
t
（交流）
E
t
（直流）
直流電圧源
交流電圧源
電圧源

英介さん
関東
関西
関東と関西では電源の周波数が違うってお父さんに聞いたことがあるけど…
そうか 真一君のお父さんは 流星物産営業部の 部長さんだもんね
営業で 関西方面に行くこともあるから周波数の違いがよく分かるかも…
どういうことですか？
東日本では50Hz（ヘルツ）の電源周波数が使われているし
西日本では60Hzが使われているんだよ
東日本：50Hz
西日本：60Hz
東日本と西日本て…どこか具体的な境目はないんですか？
そうだよ
静岡県の富士川を挟んで東側と西側に分かれているんだ

それで
５０Hzと
６０Hzでは
どんな違いが
あるの？
北海道電力
50Hz 地域
60Hz 地域
東北電力
北陸電力
中国電力
関西電力
東京電力
中部電力
沖縄電力
四国電力
九州電力

たとえば　換気扇や
従来のエアコンなどに
影響があって
西日本の６０Hzの方が
エアコンの冷房能力が
高くなるんだよ
ただし、最近のエアコンの
ほとんどが
直流（インバータ）方式に
なってきたので、
周波数の影響を受けなく
なってきています。

どうしてですか？
交流モータを使っている電気機器だと50Hzに比べて60Hzの方が回転数が約1・2倍に上がるからね
それに電灯の明るさやチラツキなども少なくなる
東京だと蛍光灯とかがチラチラするときがあるけど
関西じゃあそれが少ないってことねいいな〜
じゃあ西日本に住む人たちは恵まれているんだね
でもそうとばかりはいえないと思うわ
だって…
モータの回転数が上がるということはエレベータやエスカレータなどの動きが速くなるってことじゃない
それってものすごく危険じゃないかしら

53
(5) 電源

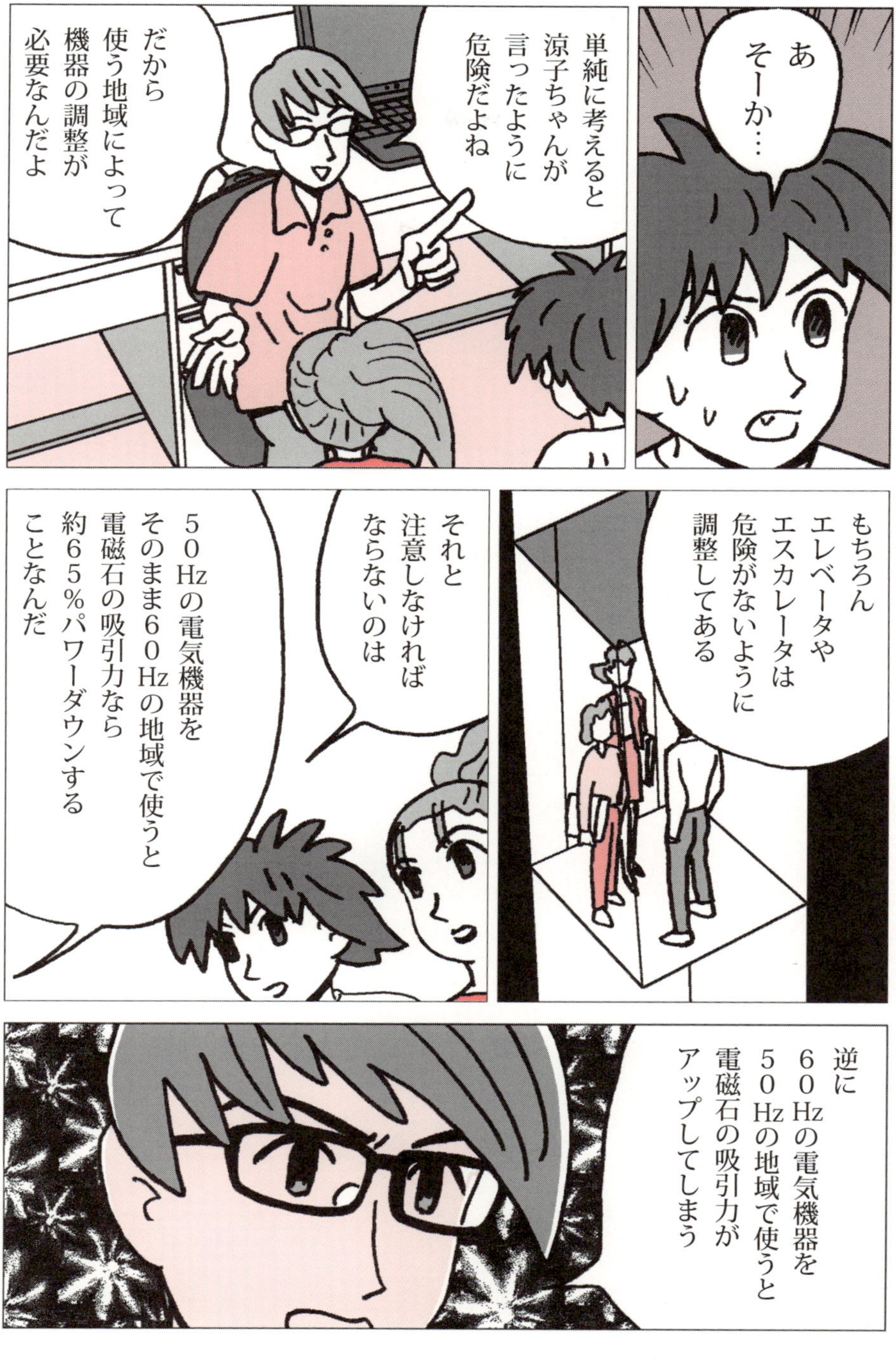

あ　そーか…
単純に考えると涼子ちゃんが言ったように危険だよね
だから使う地域によって機器の調整が必要なんだよ
もちろんエレベータやエスカレータは危険がないように調整してある
それと注意しなければならないのは
５０Hzの電気機器をそのまま６０Hzの地域で使うと電磁石の吸引力なら約６５％パワーダウンすることなんだ
逆に６０Hzの電気機器を５０Hzの地域で使うと電磁石の吸引力がアップしてしまう

どのくらい電磁石の吸引力が上がるんですか？
約１４４％アップするよ
でも電磁石の吸引力がアップしたりダウンすることが何かに影響があるわけ？
ただ単に電磁石の吸引力がアップするだけなら歓迎もするけど大きな弊害をもたらすから厄介なんだよ
どんな弊害？
電流が1.2倍に増えて電磁石が異常に加熱することがあるんだ
危険だね！

55
（5）電　源

熱…

そうか
熱が発生すると火災とかの危険があるよね…
つまり電源周波数の異なる地域で使用する場合には電気機器の調整が必要だということだよ
大きい電流が流れて熱が発生するってことは厄介ですね…

でもドライヤとかエアコンやＩＨヒータなどは逆に　熱を発生させる仕組みなんじゃないの

あ そーか アイロンとか 電気コタツなども そうだわ
熱を利用する電気機器もあるのよね…
そうだよね
大電流
そうした熱を利用している電気機器には大きな電流が流れているんだよ
へ～
そうなんだ…
じゃあ 1〔A〕（アンペア）の電流というのははたしてどのくらいの働きをすると思う？
え～
と 突然言われても…
だよね
ヒントはないのヒント？
ヒントというより
すでに答えを教えてあるよ！

え？
真一君
覚えてる？
い
いや…？
この公式を
覚えている
だろ
$I = \frac{Q}{t}$〔A〕
電流1〔A〕（アンペア）というのは
ある断面に1秒間に1〔C〕の電荷が
流れるときの電流の大きさ
だったよね
あ
そうでし
た！
いっけね
忘れてた
えへへ

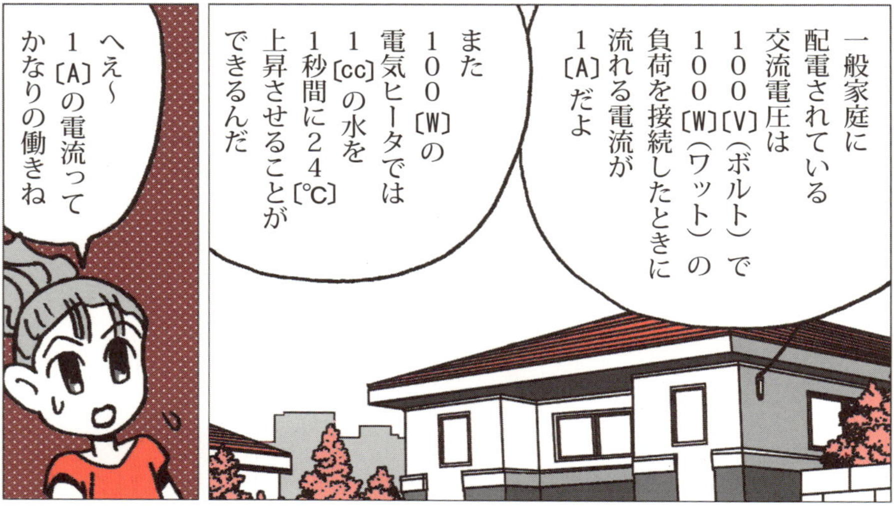
一般家庭に
配電されている
交流電圧は
１００〔V〕（ボルト）で
１００〔W〕（ワット）の
負荷を接続したときに
流れる電流が
１〔A〕だよ
また
１００〔W〕の
電気ヒータでは
１〔cc〕の水を
１秒間に２４〔℃〕
上昇させることが
できるんだ
へえ〜
１〔A〕の電流って
かなりの働きね

アンペアは、
メートル法の電流の単位で
国際単位系の基本単位に
位置づけられており、
１〔A〕とは、
「真空中に１〔m〕の間隔で
平行に置かれた、
無限に小さい
円形の断面積を有する、
無限に長い２本の直線状導体の
それぞれを流れる電流が、
これらの導体の長さ１〔m〕ごとに
１０００万分の２ニュートンの
力を及ぼし合う不変の電流」と、
定義されています。

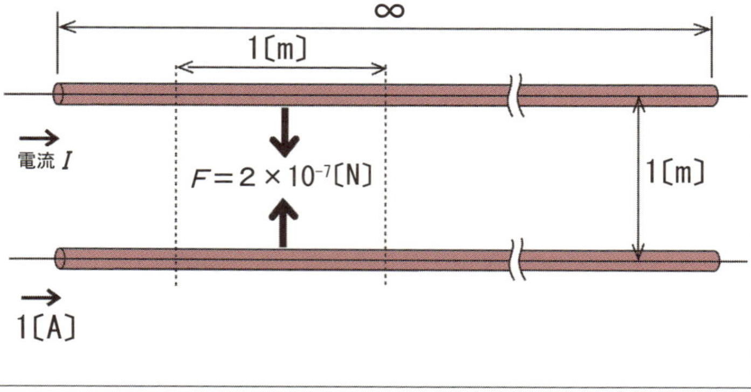
∞
1〔m〕
電流 I
$F = 2 \times 10^{-7}$〔N〕
1〔m〕
1〔A〕

P チェックポイント

・関東と関西では電源の周波数が異なります。
・東日本は５０〔Hz〕、西日本は６０〔Hz〕です。

59
(6) 抵　抗

(6) 抵抗
サンキュー
ありがとう 真一君
…電流と電圧と電源について話してきたけど分かってくれたかな?
だいたいは…
以下同文です えへへへへ…
ところで電流　電圧　電源と並んで電気回路に組み合わせて使う大事な素子があるんだ
その一つが抵抗だよ

それ聞いたことがあります！
ぼくも！中学の授業でやったよね
ねーっ！
それで？
この抵抗を組み合わせる目的は回路に流れる電流の大きさを制限することなんだ
どうしてだと思う？
回路に大きな電流が流れるとマズイからですよね？
大電流は必要以上の熱を発生させて回路を壊すかもしれないからじゃないの？

二人とも しっかり 覚えている じゃない
すごいぞ！
パチ
パチ
パチ
でも ついさっき 話したばかり だから 覚えている よね
明日になったら どうかな？
覚えたことは しっかり 逃がさないように しておきます！
抵抗は エネルギーを 消費する 素子でもある
そして 電子回路を設計するときは この抵抗のほかに コンデンサやコイルやトランジスタ ダイオード　ＩＣなどを 組み込ませるんだ
ＩＣチップ
コイル
コンデンサ
トランジスタ
ダイオード

ちょっぴり専門的になってきたね…
そうね
ICとかって聞くとうわぁ電気やってるって感じよね…
心配しなくていいよ分かりやすい順に教えてあげるからね
お願いします！
抵抗のつなぎ方は大きく分けて2通りしかない
直列接続と並列接続だよ
直列接続
並列接続
直列につなぐ場合と並列につなぐ場合ですか？
そう
N個の抵抗を直列につないだりN個の抵抗を並列につなぐんだよ
（直列）
（並列）
さらに直列と並列を組み合わせてつなぐ直並列接続などもあるよ

63
(6) 抵　抗

英介さん どうして つなぎ方が 問題なの？
自由に つないじゃ いけないの？
いいぞ真一君 その質問は 大いに 意味がある
どういうこと ですか？
つまり 抵抗を直列に つなぐということは 一本道を 並んだ車が直列で 走っているような ものなんだよ
場合によっては 渋滞するかも しれない状況で 抵抗値は 直列につないだ 抵抗分をすべて 合算した値になる

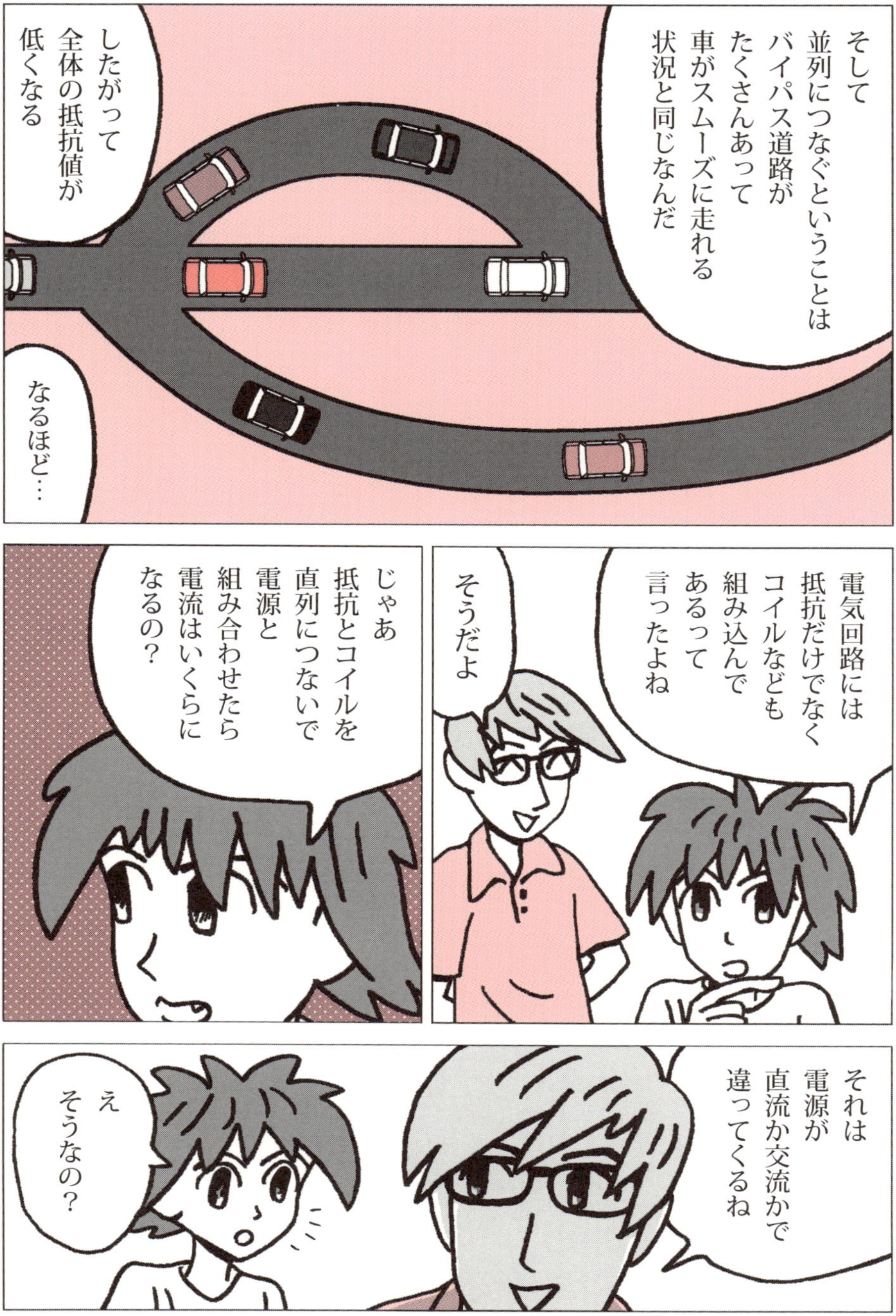
そして並列につなぐということはバイパス道路がたくさんあって車がスムーズに走れる状況と同じなんだ
したがって全体の抵抗値が低くなる
なるほど…
電気回路には抵抗だけでなくコイルなども組み込んであるって言ったよね
そうだよ
じゃあ抵抗とコイルを直列につないで電源と組み合わせたら電流はいくらになるの？
それは電源が直流か交流かで違ってくるね
え　そうなの？

65

(6) 抵　抗

電流と電圧と抵抗にはオームの法則というのがあるんだけどそれについてはいずれ話すとして
たとえば直流電圧10〔V〕を加えると抵抗R（Ω：オーム）が10〔Ω〕なら1〔A〕の電流が流れる
たとえコイルが組み込まれていても関係なく電流は1〔A〕だよ
ボクはオウムだよ
オームの法則
じゃあ交流10〔V〕なら？
同じ回路に10〔V〕の交流電圧をかけると電流は少なくなる
どうしてですか？
だってコイルって長い電線を巻いただけのものでしょ？

たしかにコイルは直流で使えば抵抗と同じ扱いになるけど交流だとリアクタンスが発生してインピーダンスが増えるんだよ
リアクタンス？
インピーダンス？
フラダンスの間違いじゃないの？
そうフラダンス…
違う違う
つまり抵抗だけでなくそうしたリアクタンスが増えるので流れる電流が直流電源に比べて小さくなるというわけなんだ
わかった？
さっぱり…
英介さんリアクタンスとかフラダンスって何ですか？
フラダンスじゃなくてインピーダンスでしょ

67
(6) 抵　抗

どっちでもいいけど もっと分かるように 説明してくんない？
いいけど… 一気に そこまで話して 分かるかなぁ…
大丈夫 ぼくたちの 頭は 優秀だから
ね 涼子ちゃん！
うん 大丈夫
がんばる！
ちょっと 不安だけど 続けるよ…

P チェックポイント

・抵抗を組み合わせることで、回路に流れる電流の大きさを制限できます。

・抵抗のつなぎ方には直列接続と並列接続があります。

直列接続

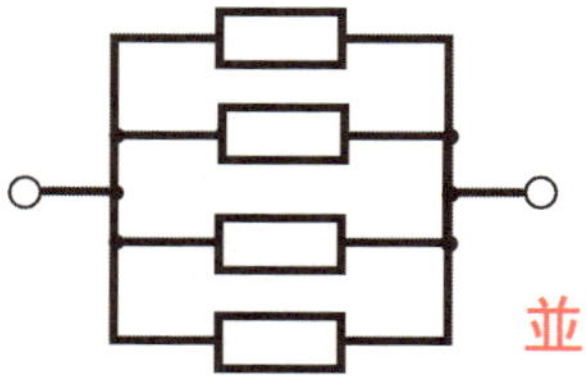

並列接続

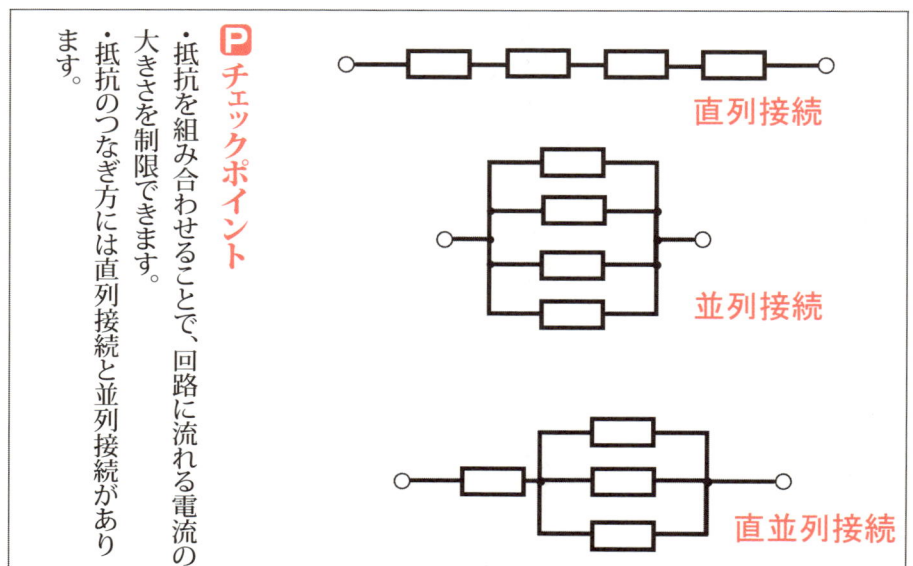

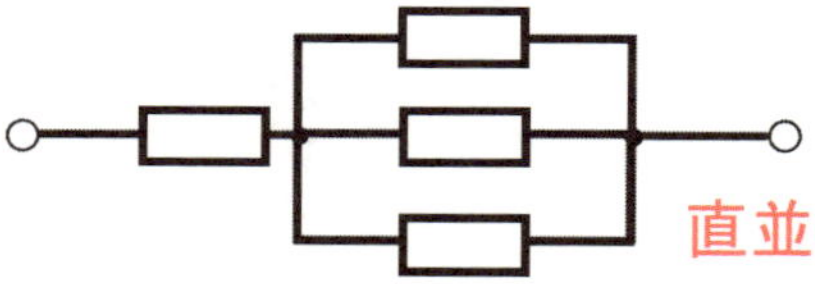

直並列接続

(7) コイル
コイルはさっき真一君が言ったように電線を巻いた構造になっているんだよよく知ってたね？
バネみたいなもんでしょ
理科の実験で使ったヒーターを思い出して言ったんだけど正解だったみたいだねよかったぁ
コイルはどんな働きがあるんですか？
コイルは電流の流れを維持しようとする性質があるんだよ
たとえば回路にスイッチを組み込んでスイッチをONにしたとするよね
すると電流は？
流れます

そうだよね
ところがコイルを組み込んであるとコイルは電流を流さないように働くんだよ
スイッチ ON の瞬間
通さないぞ！
へ～
じゃあ今度はスイッチをOFFにするよ
すると電流は？
流れないんじゃないの？
だってスイッチがOFFだもん
うんわたしもそう思う
ところがコイルは電流を流すように働くんだ
スイッチ OFF の瞬間
どーぞどーぞ
え～どうして？
不思議ねぇ～

これは　コイルが
磁束と呼ばれるものと
密接に関係していて
起こる現象なんだよ
磁束
磁束については
そのうち
話してあげるね
じゃあ
簡単に話して
ください
そうだね
たとえば
ガラスの上に
氷を滑らせると
するね
その氷は
外力が加わらない限り
つまり　止めようと
しない限りは
どんどん遠くまで
ガラスの上を
滑っていくよね
ツ―――――…

71
(7) コイル

はい とくにガラスは摩擦がほとんどないから氷は押し出した力が強ければその勢いのままどんどん滑っていくと思います
ぼくもそう思う
その通り つまり 物体はその運動を保とうとする慣性を持っているわけだ
実はコイルも同じように電気的な慣性を持っているんだよ
物体
慣性
電気の慣性
コイル
電気的な慣性！
なるほど それでさっきのスイッチと電流の話が理解できるぞ
そして コイルに電流 I〔A〕を流すと コイルの中を磁束 Φ〔Wb〕が貫いて このような関係式が成り立つんだ
磁束 $\Phi = LI$〔Wb〕
（：ウエーバ）
この比例定数 L をインダクタンスと呼ぶんだよ
インダクタンスの単位にH（ヘンリー）を用います。インダクタンス L の値が大きいと、コイルの慣性も大きくなります。

交流回路では、コイルや、後で述べるコンデンサも抵抗のように働く性質があります。

そして、この抵抗のように働く量がインピーダンスです。

インピーダンスを用いると、負荷が抵抗でもコイルでもコンデンサであっても、電圧と電流には比例関係が成り立ちます。

単位は、抵抗と同じく〔Ω〕が用いられます。

チェックポイント

・コイルは電流の流れを維持しようとする性質があります。

・コイルは直流電流をよく通し、交流電流を通しにくいという性質があります。

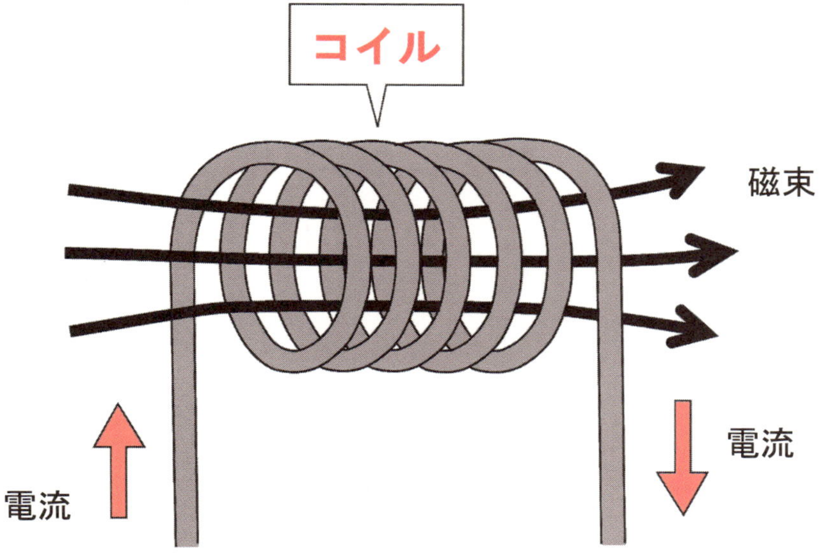

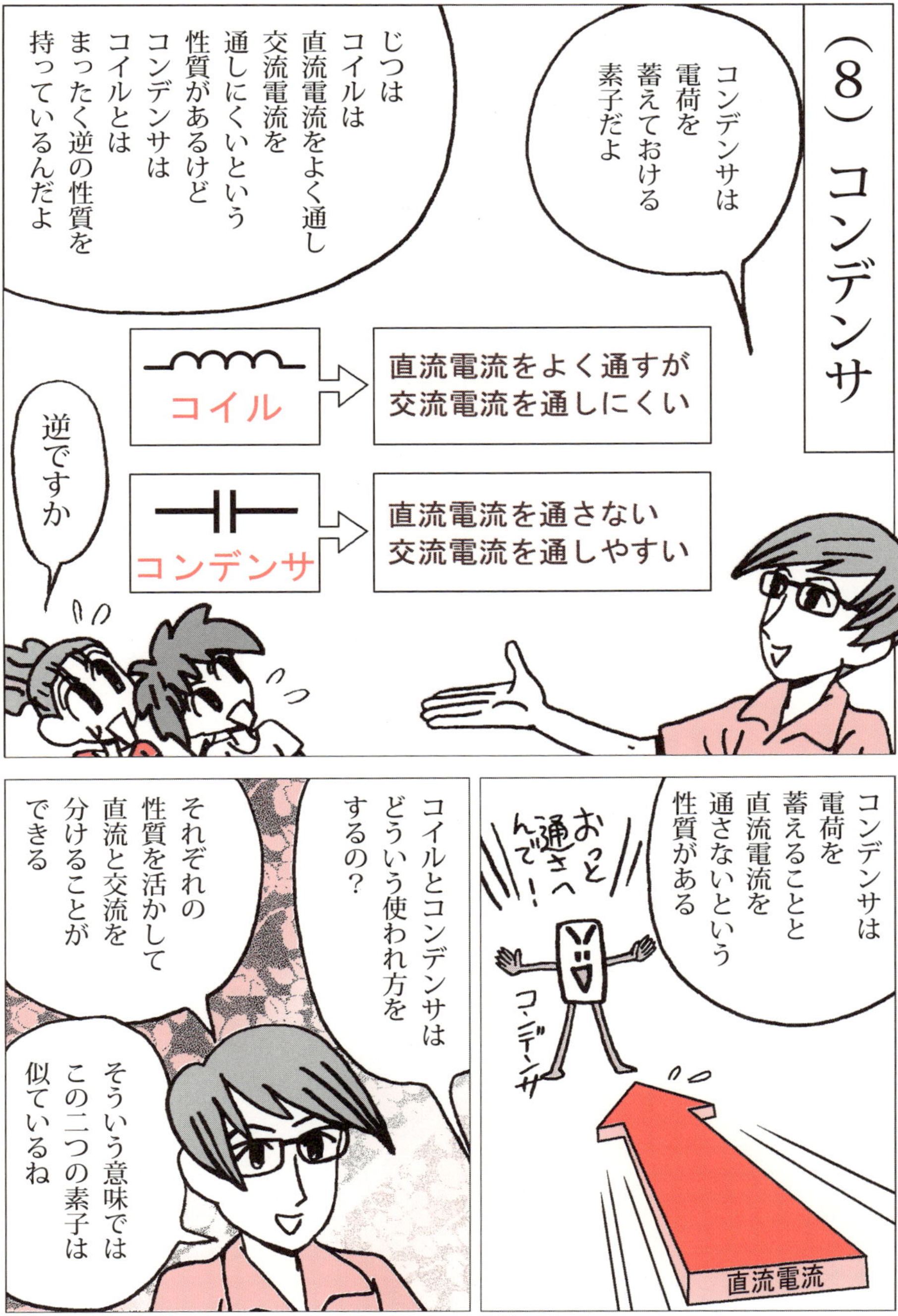
(8) コンデンサ
コンデンサは電荷を蓄えておける素子だよ
じつはコイルは直流電流をよく通し交流電流を通しにくいという性質があるけどコンデンサはコイルとはまったく逆の性質を持っているんだよ
コイル
直流電流をよく通すが
交流電流を通しにくい
コンデンサ
直流電流を通さない
交流電流を通しやすい
逆ですか
コンデンサは電荷を蓄えることと直流電流を通さないという性質がある
おっと通さへんで！
コンデンサ
直流電流
コイルとコンデンサはどういう使われ方をするの？
それぞれの性質を活かして直流と交流を分けることができる
そういう意味ではこの二つの素子は似ているね

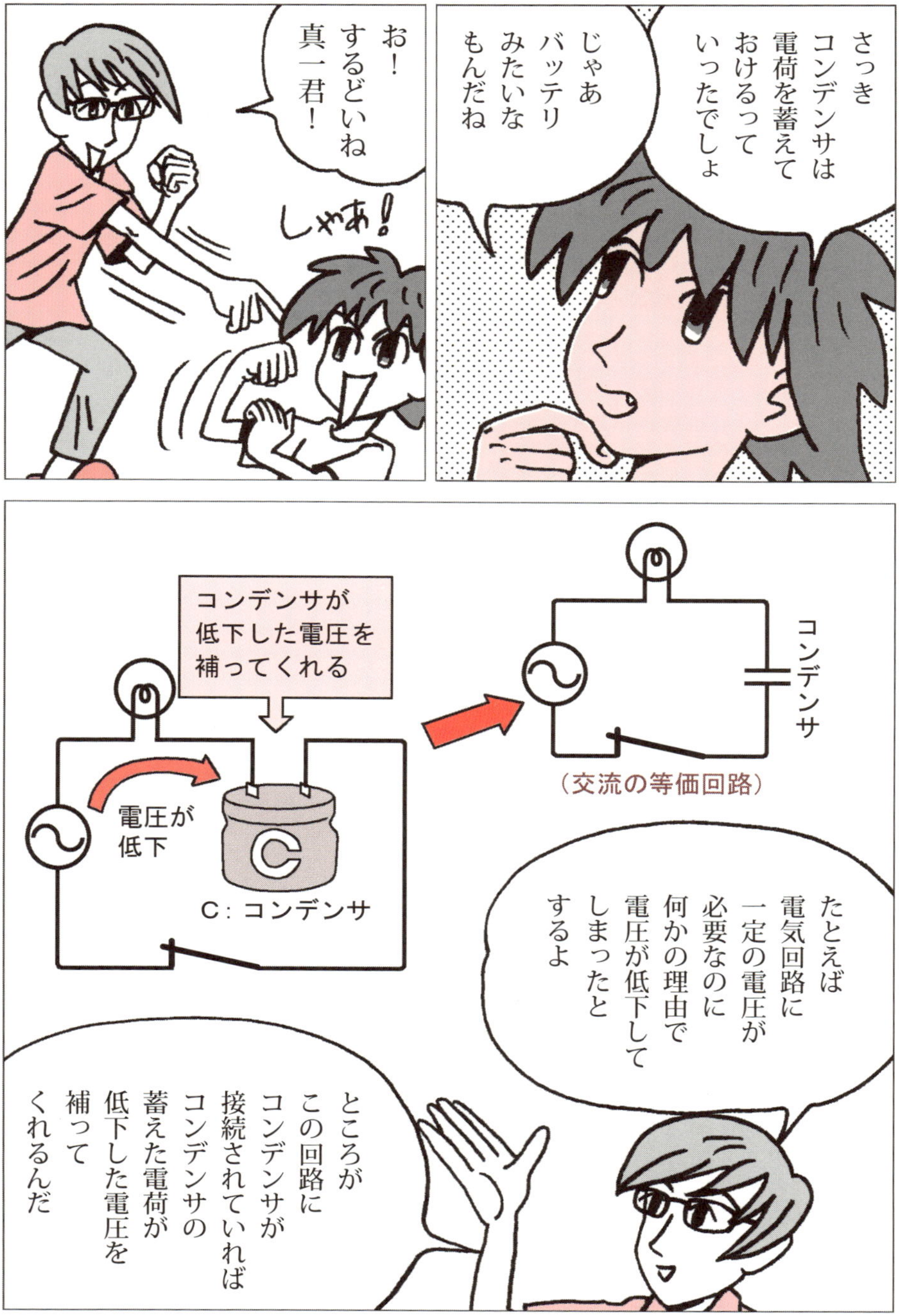
さっきコンデンサは電荷を蓄えておけるっていったでしょ
じゃあバッテリみたいなもんだね
お！するどいね真一君！
しゃあ！
コンデンサが低下した電圧を補ってくれる
電圧が低下
C
C：コンデンサ
コンデンサ
（交流の等価回路）
たとえば電気回路に一定の電圧が必要なのに何かの理由で電圧が低下してしまったとするよ
ところがこの回路にコンデンサが接続されていればコンデンサの蓄えた電荷が低下した電圧を補ってくれるんだ

なるほど
困ったときの助け船ってわけね…
この子じゃ逆に　足を引っぱるかもね…
ぶつぶつ
え？なに？
なんでもないわ　ただ　コンデンサが役に立つ王子様みたいに見えただけよ
わけわからん…？
英介さん　ほかにコンデンサの使い道ってないんですか？
たとえば交流を直流に変換することを整流というんだけどその整流の際に多少の交流成分が含まれてしまうんだよ
そこでコンデンサを使うんだけどところでコンデンサの性質は何だっけ？
たしか交流は通すが直流は通さないだったかしら…

そうだったよね
あら 覚えてたの?
あれ~ 涼子ちゃん なに そのそっけない 態度は?
べつに 普通よ

つまり そうした コンデンサの性質を利用して 直流分だけを取り出すのに 使えるんだよ
?

コンデンサに電圧をかけると、それぞれの電極に$+Q$〔C〕、$-Q$〔C〕という大きさの電荷を蓄えます。
そして、電圧E〔V〕と電荷Q〔C〕には、次のような関係式が成り立ちます。

$$Q = CE \text{〔C〕}$$

このときの比例定数 C は“静電容量（または容量）”と呼ばれ、電荷の蓄えやすさを表しています。
単位はF（ファラド）で表します。

P チェックポイント

・コンデンサは電荷を蓄えることと、直流電流を通さないという性質があります。
・コンデンサは、コイルとは逆の性質を持っています。

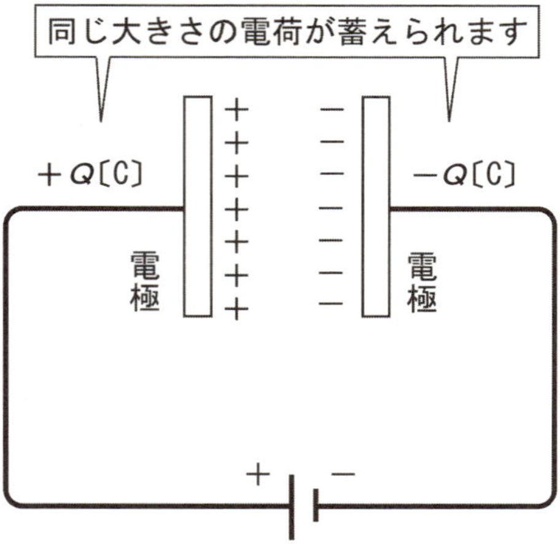
同じ大きさの電荷が蓄えられます
+Q〔C〕
−Q〔C〕
電極
電極
+
−

77
(9) 電　池

(9) 電池
ただいま～
あら涼子ちゃんかしら？
真ちゃーん涼子ちゃん来てるの？
あ
お母さん帰ってきたみたい
カチャ
おばさんに挨拶しなきゃ
おばさんこんにちは！おじゃましてまーす！
涼子ちゃん部活の打合せ？
違うよ今日は電気の勉強だよ
へ～勉強なの！

あ そうか 涼子ちゃんが 来てるの 知らなかったから 3個しか買って こなかったんだ
えへへ
おばさん よかったら 食べて
いいの いいの
それは 涼子ちゃんが 食べて お客様 なんだから
おばさん ぼくのを 食べてよ ぼく 甘いものが どうも 苦手で
はっ
ガッ
あら そう！
パク パク
パク パク
そうやって 甘いもの ばっかり 食べてるから お肉が…
!
むぎゅうう

79
(9) 電　池

おいしい～
×××
あし
？
田崎家は昔から女性が強いんだよ…
ところで英介さんさっきの続きを話してください
じゃあ電池の話をするね
ほらぁお母さんはあっち行ってよ
電池ならわたしも知ってるわよ
懐中電灯やテレビのリモコンに入ってるやつでしょ
英介さん電池とは何かをお母さんに話してあげてください！

化学反応などによるエネルギーを電気エネルギーに変換する装置を電池といいます
電池には　一度電気エネルギーを放出　つまり放電すると二度と再生できない一次電池があります
つまり通常私たちが使っている電池がこれです
ふむふむ

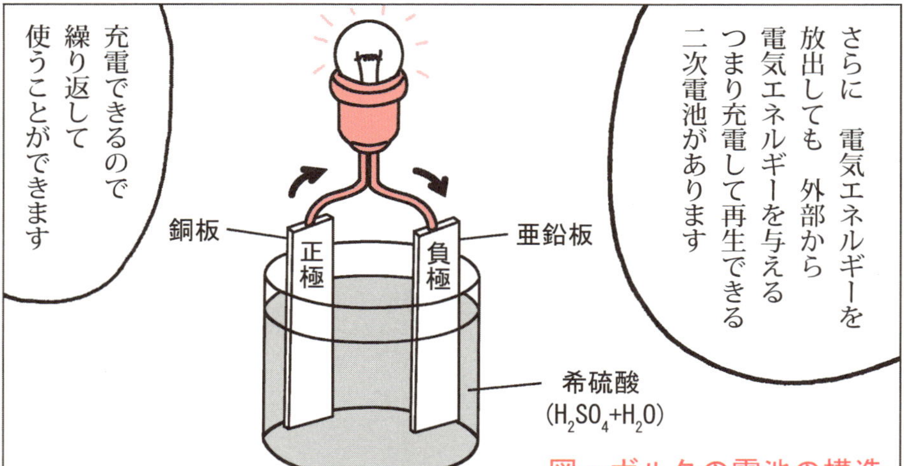
さらに　電気エネルギーを放出しても　外部から電気エネルギーを与えるつまり充電して再生できる二次電池があります
充電できるので繰り返して使うことができます
銅板
正極
負極
亜鉛板
希硫酸
(H_2SO_4+H_2O)
図：ボルタの電池の構造

おばさん行っちゃったわよ…
いいのいいの電気とか機械とかそういうのからっきしなんだから…

81
(9) 電 池

わたしにはあんな勉強とても無理だわ
イチ ニィ サン〜 シィ…
あの子たちよく頑張れるわね えらいえらい
わたしの分もしっかり勉強してちょうだい
わたしにはこっちの方が向いてるわ…
乾電池には一般的な電池とボタン型の電池がありますよね どう違うんですか?
このような電池はマンガン乾電池やアルカリ乾電池と呼ばれるもので ごく一般的な電池だよね
今ではボタン型のアルカリ電池も一般的になってきたよね
まぁ 形は違っても基本的な性質はほとんど同じだよ

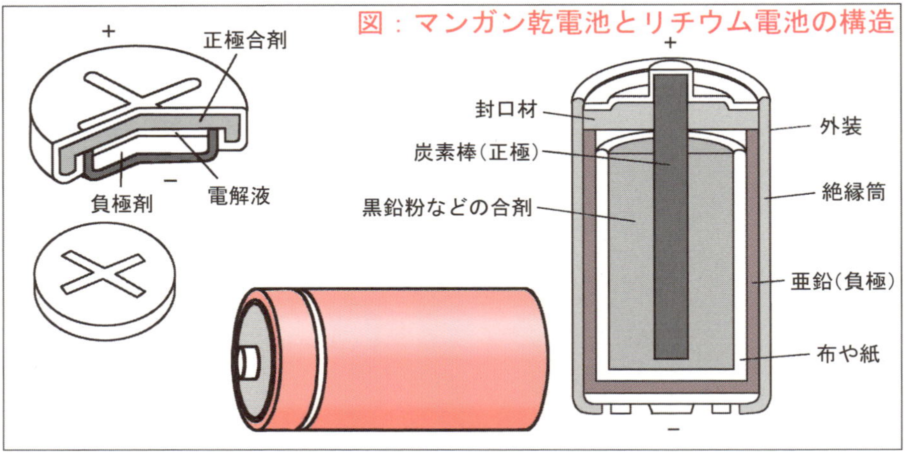
+
正極合剤
負極剤
−
電解液
+
封口材
炭素棒（正極）
黒鉛粉などの合剤
外装
絶縁筒
亜鉛（負極）
布や紙
−

図：マンガン乾電池とリチウム電池の構造

リチウム電池はカメラや電卓などによく使われてるよね
そうだね
形がコンパクトな電気機器は小さなリチウム電池の方が便利だからね

電圧は同じなんですか？
いや
マンガン乾電池やアルカリ乾電池は1.5〔V〕だけど一般的な二酸化マンガンリチウム電池は3〔V〕だよ

※アルカリ・マンガン乾電池：

単にアルカリ乾電池とも呼ばれています。正極に二酸化マンガンと黒鉛の粉末を、負極には亜鉛、水酸化カリウムの電解液に塩化亜鉛などを用いる乾電池です。

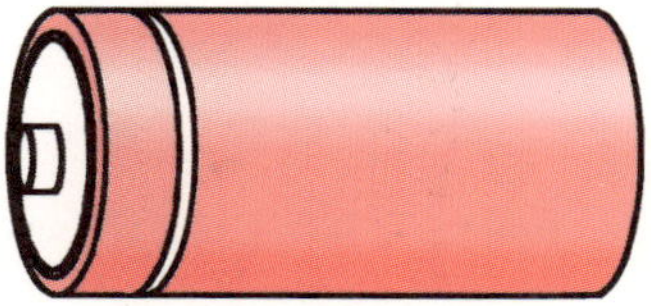

※ マンガン乾電池：

一次電池の代表的な電池です。正極の減極剤（復極剤）として、二酸化マンガンを用いています。この電池は、炭素棒を正極、亜鉛筒を負極として、塩化アンモニウム（NH_4Cl）の電解液を黒鉛粉などに混ぜて、のり状にした合剤を封入してあります。

アルカリ乾電池に比べて容量が少なく、しばらく使わないでいると出力を回復する性質があります。そのため、負荷電流が比較的小さいリモコンや時計など、また間欠的に使用するガスコンロやストーブの点火ヒーター、懐中電灯などによく用いられます。

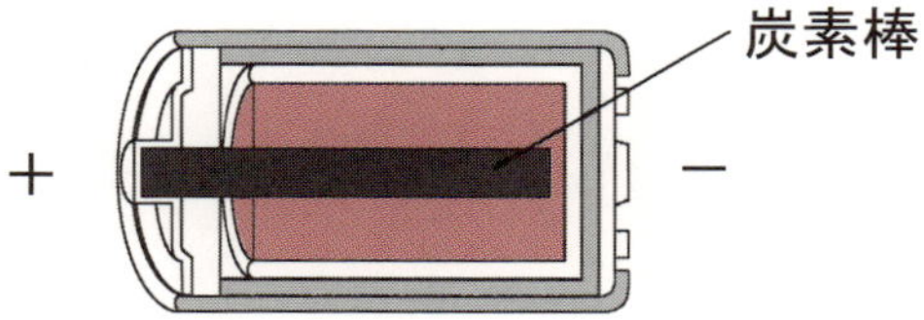

※ リチウム電池：

負極に金属リチウムを使った化学電池です。もっとも広く使われているのは二酸化マンガンリチウム電池で、公称電圧は3〔V〕です。硫化鉄リチウム電池は、公称電圧がマンガン乾電池などと同じで、リチウム乾電池として単３形と単４形が製造されています。二酸化マンガンリチウム電池は、正極に二酸化マンガン、負極に金属リチウム、電解液には有機溶媒にリチウム塩を溶解させたものを用います。

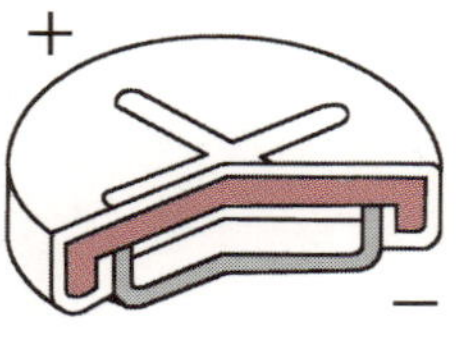

電池って使っているうちにだんだんパワーが落ちてくるよね
そうそう
CDプレーヤなんか電池が消耗してくると音が小さくなってくるわよ
そうだね
懐中電灯なんかもだんだん明るさがなくなっていってしまいには明かりが点かなくなるよね
でも　新しい電池を入れるとまた明るくなる
明かりが点かない
電池交換
ピカァ
どうして?
乾電池のエネルギーが減少してくると出力電圧が低下してしまうんだよ
エネルギーがなくなって力が出ない〜〜
つまり乾電池の内部抵抗が増えて電池から十分な電流を取りだすことができなくなるということだよ
よくわからないけど…
たぶん内部抵抗と電流の関係じゃないかしら抵抗が増えると電流が減るんじゃないの?

85

(9) 電池

まぁ簡単に言うとそういうことだね
じゃあどうやったら電池が長持ちするの？
なるべく連続的に使わないことだね
つまり間欠的に休み休み使うほうが電池の寿命は長くなるよ
ひと休み ひと休み….
どうしてそうなるんですか？
だよね
使っている時間が同じなら連続でも休み休みでも電池の消耗度は同じだと思うけど…？

ところが電池は化学作用を効果的に応用して作ってあるので休んでいる間に機能が回復するという特性を持っているんだよ
さあはりきっていこーー!!
へー便利ねー
Z・Z…
なんか人間の体に似ているよね休んでいる間に疲れがとれるなんてさ
ほんとね
それと　規定の電流値というのがあってその電流値より低めで電池を使ったり　必要のないときにはスイッチを切っておくことも電池の寿命を長くするコツなんだよ
てことは逆に規定の電流以上で電池を使うと寿命が短くなるってこと?
そうだよ

87
(9) 電　池

電池は貴重な資源なんだから大事に使わなきゃね
わたしん家ではちゃんと電池のリサイクルに協力しているわよ
あれ～家はどうかなぁお母さんが電気オンチだからもしかするとやってないかも…
やってるわよ！
ビックリしたぁ～いつ来たんだよ～
図書館のリサイクルボックスに古くなった乾電池を持ってっているわよ
ぼくが勧めたんだ
えへへ
やっぱり

資源は大切にしよう！
何しに来たのかしら？
さあ…
恵美子さんは、体操の後に水を飲みに来ただけでした。

涼子ちゃんまた来てね
はーい

P チェックポイント

- 化学反応などによるエネルギーを電気エネルギーに変換する装置が電池です。
- 一般的な乾電池はマンガン乾電池とアルカリ乾電池です。
- ボタン型はリチウム電池です。

（10）磁界と磁束
英介さんてすっごく頭いいのね～
なんてったって東東京大学大学院の秀才だかんね
ところで真一君 昨日 英介さんがコイルの話をしてくれたとき磁束については後で話してくれるって言ってたわよね
言ってたっけ？
磁束って何かしら？
たぶん磁石と関係があると思うのよ…

いててて
どうしたの涼子ちゃん？
あ ごめん ちょっと 集中力が ないみたい
もしかして磁束について考えてたんじゃないの？
そうなのよ 話しが 中途半端だと 気に なっちゃって…

…磁束の前に磁界について話しておくね
その方がわかりやすいから
Joy's
お願いします!
デンマークの物理学者エルステッドという人が導体に電流を流すとその回りに磁界が発生することを発見したんだ
磁界!
魔界じゃないの?
マンガの読みすぎよ
ば〜か
磁石が鉄釘などを引き付けたりあるいは　他の磁極に影響を及ぼしたりするのはその磁石の周囲が磁気的になっているからなんだ

このような磁気的な力の働く空間を磁界と呼ぶんだよ
魔界へようこそ!
つまり磁石の影響が及ぶ範囲ということですか？
そういうことだね
涼子ちゃんえらく理解がはやいねー
そうですか
ちょっとこれを見てごらん
ねじだよね…

93
（10）磁界と磁束

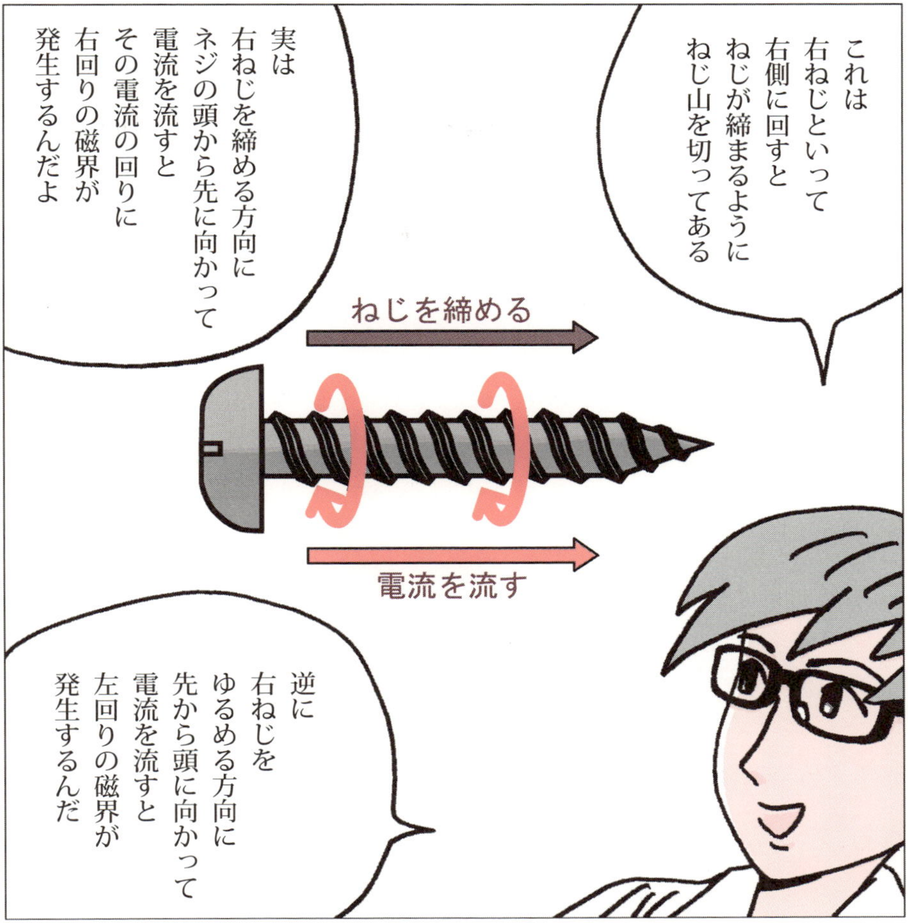

これは右ねじといって右側に回すとねじが締まるようにねじ山を切ってある
実は右ねじを締める方向にネジの頭から先に向かって電流を流すとその電流の回りに右回りの磁界が発生するんだよ
ねじを締める
電流を流す
逆に右ねじをゆるめる方向に先から頭に向かって電流を流すと左回りの磁界が発生するんだ

へ～おもしろい！
なるほどわかりやすいや
これに気が付いたのがフランスの物理学者アンペールという人なんだだからアンペールの右ねじの法則と呼ばれているんだよ

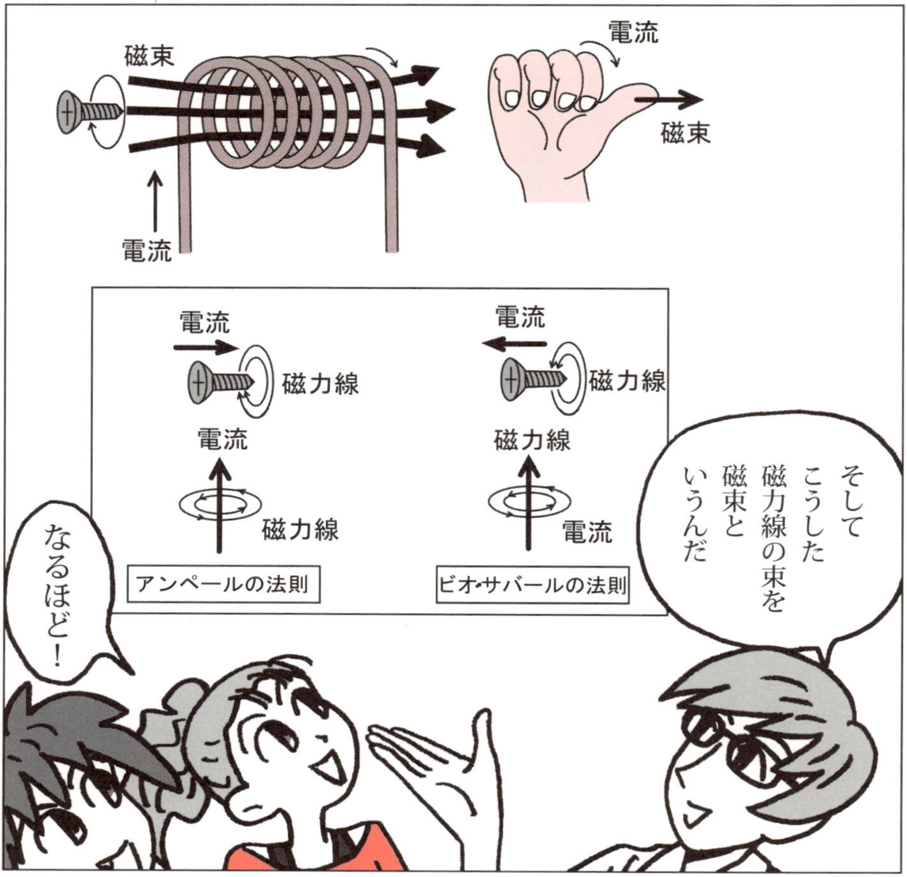
磁束
電流
電流
磁束
電流
磁力線
電流
磁力線
アンペールの法則
電流
磁力線
磁力線
電流
ビオ・サバールの法則
そしてこうした磁力線の束を磁束というんだ
なるほど！

これで涼子ちゃんが卓球に集中できてぼくは被害を受けずにすむな…

P チェックポイント

・磁気的な力が働く空間を磁界といいます。

・電流と磁力線の関係は右ねじの法則で分かります。

第二章　直流と交流

（1）電気の利用
…真一 最近 英介君に 電気回路を 教わってるんだって？
うん
電気は 利用範囲が広いし 我々の生活に 不可欠なエネルギー だよね 英介君
そうですね
ざっと 家の中を 見渡しても 電気製品が ずいぶん あるわねぇ

…つまり電気エネルギーは働きによって大きく三つに分類できるんだよ
どう分類できるの？
たとえば携帯電話やテレビなどは電流の磁気作用を利用しているんだよ
電磁石を利用しているってこと？
電磁石に限らないよ電磁波を利用している電気製品はすべてこの分類に入るんだよ
モータなども磁石を利用しているよ
そういえばパソコンなんかは本体だけでなくFDやMOなども電流の磁気作用を利用した製品だよね
そうだね

97

（1）電気の利用

次に トースタや 電気ストーブ などのように 電流の熱を 利用した 分類だよ
電熱器で 分かるように ニクロム線などに 電流を流すと 熱が発生するよね
うん
この熱を 利用した製品も たくさんあるよね
う～ん 電気コタツや 電気ストーブなどが そうかな
そうだね ニクロム線などの ように 抵抗の大きな電線に 電流を流すと 熱エネルギーが 発生するんだ
この熱を 利用して いるんだよ

そして3番目は電気を利用して物質に化学変化を起こさせて利用するというものなんだ
化学変化？
電気と化学変化とどういう関係があるの？
たとえば乾電池だよ
乾電池は物質に化学変化を起こさせて電気を取り出すという構造なんだよ
そういえば英介さん話してくれたっけ…
化学反応などによるエネルギーを電気エネルギーに変換する装置を電池といいます
電池には　一度電気エネルギーを放出　つまり放電すると二度と再生できない一次電池があります
つまり　通常私たちが使っている電池がこれです

99
（1）電気の利用

さらに電気エネルギーを放出しても外部から電気エネルギーを与える　つまり充電して再生できる二次電池があります
ポン
充電できるので繰り返して使うことができます
たしか金属のメッキなども化学作用を利用しているよね
中学のとき理科で実験やったから覚えているよ
そうだね金メッキなんかそうだよね
ほかに水の電気分解などもこの分類に入るよ
だけど英介さんエアコンで冷風や温風を送るのは熱利用とは違うでしょ
ということは熱利用とモータなどを組み合わせて利用してるってことじゃないの？
いいところに気が付いたね
その通り！
いえい！

最近の電気製品は複雑で質の高いものが多くなったからね
ふむふむ
ちなみにエアコンは電流によって生じる熱を利用しているのではないんだよ

媒体を圧縮蒸発させることで熱を発生させ吸収しているんだ
エアコンではこのためのポンプの運転に電気を利用しているということになるね

P チェックポイント

- 電気コタツなどは、電流の発熱作用を利用しています。
- 携帯電話やモータなどは、電流の磁気作用を利用しています。
- 乾電池や金属メッキは、電流の化学作用を利用しています。

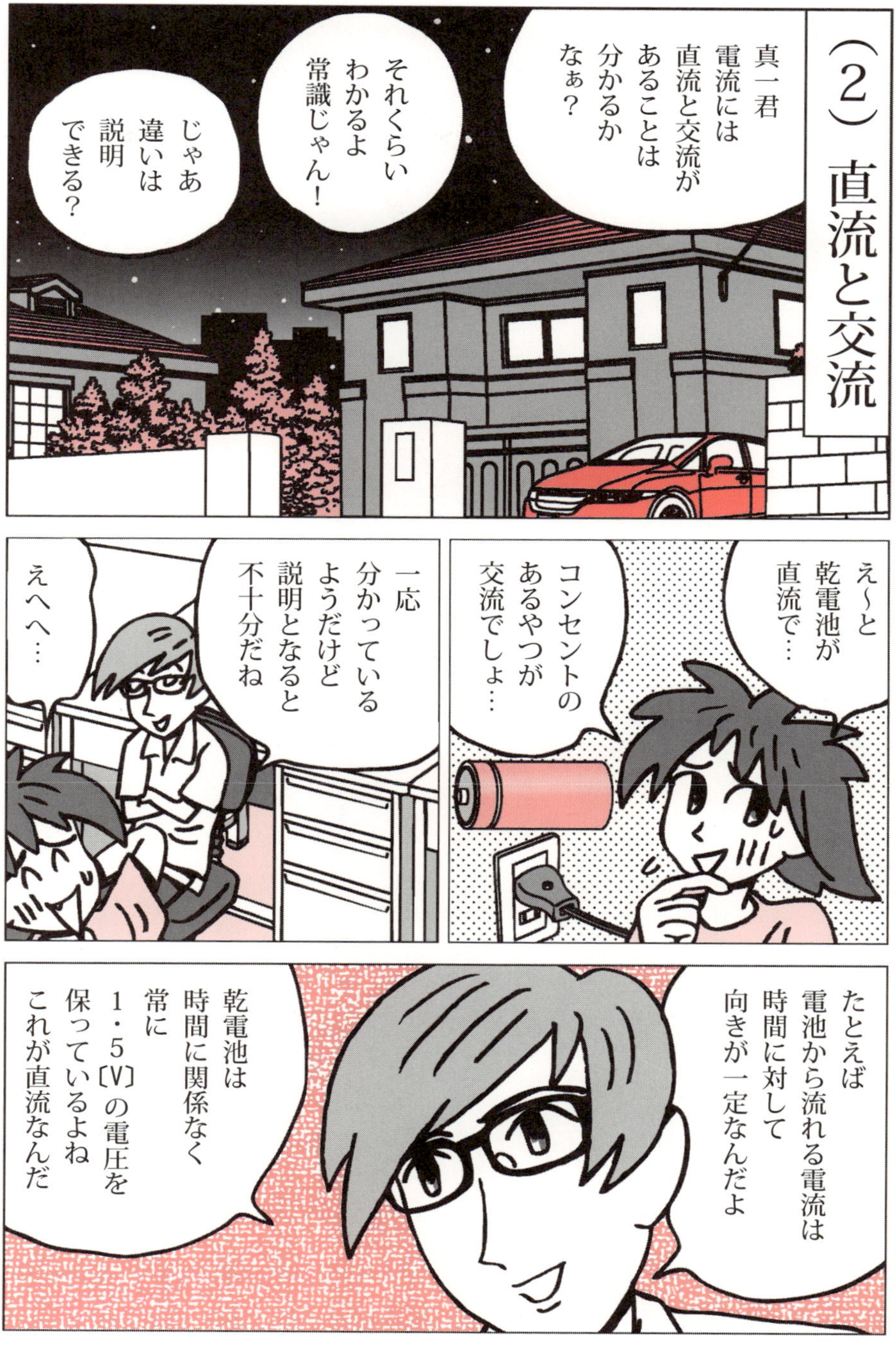
(2) 直流と交流
真一君 電流には直流と交流があることは分かるかなぁ？
それくらいわかるよ 常識じゃん！
じゃあ 違いは 説明 できる？
え～と 乾電池が 直流で…
コンセントの あるやつが 交流でしょ…
一応 分かっている ようだけど 説明となると 不十分だね
えへへへ…
たとえば 電池から流れる電流は 時間に対して 向きが一定なんだよ
乾電池は 時間に関係なく 常に 1・5〔V〕の電圧を 保っているよね これが直流なんだ

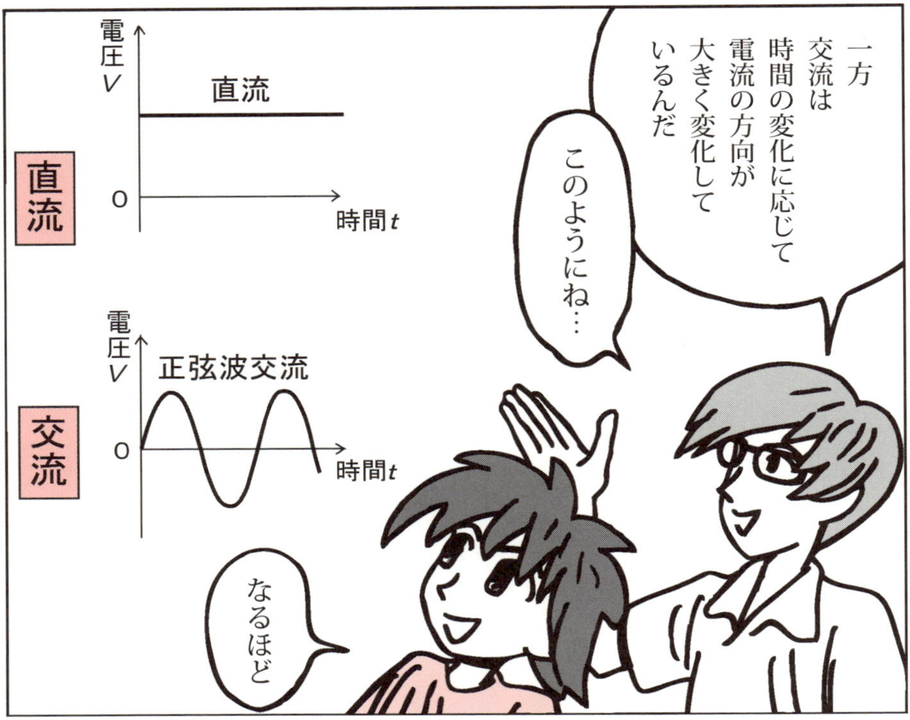
一方
交流は
時間の変化に応じて
電流の方向が
大きく変化して
いるんだ
このようにね…
なるほど
電圧V
直流
直流
0
時間t
電圧V
正弦波交流
交流
0
時間t

ちなみに
直流はＤＣ
交流はＡＣで
表されることが
多いから
覚えて
おいてね
はい！
直流ＤＣと交流ＡＣを
表すには
直流をＥ（直流電圧）
Ｉ（直流電流）とし
交流をｅ（交流電圧）
ｉ（交流電流）と表します
直流ＤＣ
直流電圧E
直流電流I
交流ＡＣ
交流電圧e
交流電流i

チェックポイント

- 直流は、時間の変化に対して向きが一定です。
- 交流は、時間の変化に応じて電流の向きが大きく変化します。

（3）交流電圧と直流電圧
交流100〔V〕ってぼくたちの家庭で使っている電気でしょ
じゃあその電圧と乾電池を直列に並べて作った直流100〔V〕とは同じエネルギーなのかなぁ？
単純に交流と直流が同じ100〔V〕という数字なら同じエネルギーと考えられるよ
ただし今話したように交流は直流と違って単位時間ごとに交互に電流の方向がかわっているので瞬時値もたえず変化しているわけだよ
じゃあどういうふうに考えたらいいの？

つまり直流は100〔V〕でほとんど不変だとしても交流は電圧の値が変化している
直流電圧
一定
交流電圧
変化
たとえば交流の最大値つまり正弦波交流の頂点時の電圧は一般家庭に供給される電圧100〔V〕と比較するとこうなるんだよ…
√2×100＝141.4〔V〕
つまり　瞬時的に141・4〔V〕の電圧が発生しているということだよ
じゃあ100〔V〕だと思って使っているのに実際はそれ以上の電圧だったりするわけ？
そうだよ

ただし
最大値が
それだけの数字に
なるということで
あって
実際は
９０〔V〕くらいが
一般家庭に配電される
平均的な電圧だよ

じゃあ
ぼくたちが
１００〔V〕だと思って
使っている交流電圧が
実際は
９０〔V〕しかないんだ
交流は
電圧が変化するけど
一方の直流は
最大も平均もなく
常に同じ数値を
示しているって
わけか…

…なるほど 交流電圧は 時間ごとに 変化しているのに 対して 直流は常に 一定なわけね
でも 同じ１００〔V〕なら 直流も交流も 同じエネルギーな わけでしょ
うん…
英介さんが言うには 直流電圧１００〔V〕を 加えたときに発生する熱量を 基準にして　その熱量と 同じ熱量になる交流電圧を １００〔V〕と定めたんだって
だから 直流と交流が 同じ１００〔V〕なら 熱エネルギーは 同じなのよね
…
ムスッ

どうしたのさ？
だってさー 真一君 ひとりだけで 英介さんに 教わって いるんだもの
しょうがない じゃん
英介さん ぼくん家の親戚で ぼくん家に 下宿してるんだから
だから こうやって 昨日聞いたことを 涼子ちゃんに 話してあげて るんじゃないか
もしかして 自分だけ 頭良くなろうと してない？
そんなことないよ ちょっと聞いたくらいで 頭が良くなるんだったら 今頃は 東大ねらってるよ～
はは ごもっとも
ど どういう 意味だよ～
じゃあ わたしも 真一君ん家に…

だ
だめだ
よ！
涼子ちゃん
まで
ぼくん家に
下宿する
なんて〜

ばっかじゃないの
そんなこと
言ってないわよぉ
わたしは
今度の日曜日に
真一君ん家に行って
英介さんに
電気回路を
教えてもらおうって
言おうとしたのよぉ！
あははは

んもぉ〜
ごめん…

チェックポイント

・交流は、単位時間ごとに交互に電流の向きが変わるので、瞬時値も絶えず変化しています。

・私たちが１００〔V〕だと思っている家庭用交流電圧が、平均値は９０〔V〕しかありません。

（4）直流回路と交流回路
どんなに複雑な電気回路でも簡単な回路の組み合わせでできているということを覚えておいてね
はい！
その方が理解しやすいからね
たとえばこうした回路だよ
ものすごく複雑な回路図ってありますよね
あれもこうした基本的な回路が組み合わさってできているってことですか？
そうだよ
へー
そうなんだ…

この回路の電球を抵抗負荷として電流を流すと単位時間における電圧と電流は一定だよね？
はい直流ですからね
そうか直流だと電圧と電流は時間軸に水平で一定なんだっけ…
じゃあ同じような回路に実効値 E の交流電源を加えると電圧と電流はどうなると思う？
実効値って何ですか？
たとえばこうした回路図があるとするよ…

E〔V〕
e〔V〕
R〔Ω〕
R〔Ω〕
抵抗器に直流電圧や交流電圧を加えると抵抗器は熱エネルギーを発生するよね　すると　どうなる？
ビーカーに入っている水の温度が高くなるわ
ぼくもそう思う

そうだね　そして両者のエネルギーを同じ時間に測定して交流起電力を加えたときに発生する熱エネルギーが直流起電力を加えたときと同じだとするよ
その時の直流起電力 E〔V〕を交流起電力 e〔V〕の実効値と言うんだ

でもどうやって直流起電力と交流起電力を加えたときの熱エネルギーが同じだってわかるの？
同じ水温になれば分かるわよそのための温度計でしょ
あそーか！
じゃあ実効値がわかったところでさっきの質問に戻るよ
純抵抗 R〔Ω〕を交流に接続して実効値 E〔V〕の交流電圧を加えると電圧と電流はどのようなグラフになるかな？
直流だと時間軸に対して平行で一直線なんでしょ…
E
0
t
交流だと正弦波交流を描くと思うけど…
E
0
t
うん
そのときの電圧と電流のグラフはこうなるよ…

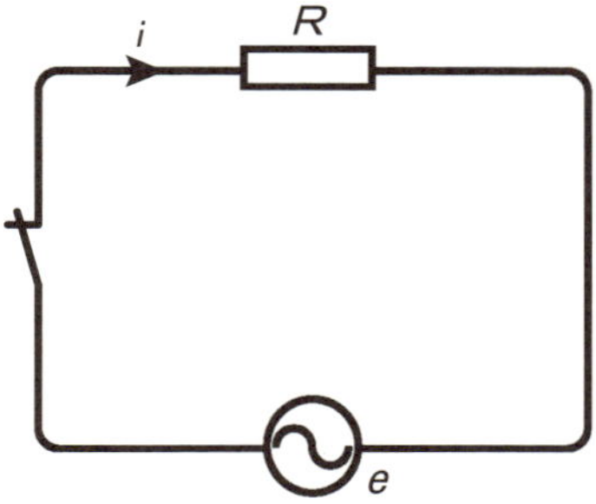
i
R
e

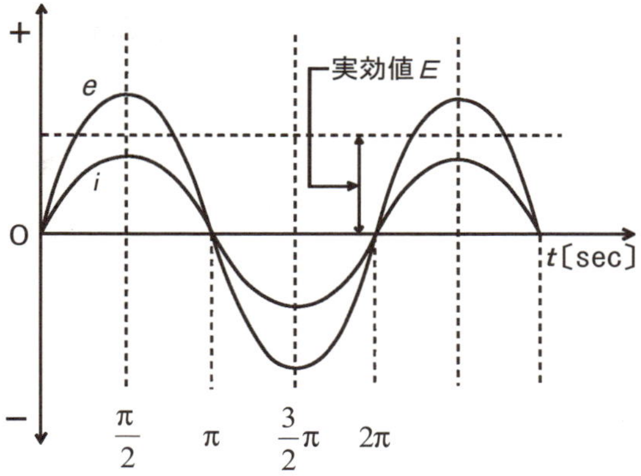
+
−
O
e
i
実効値 E
t〔sec〕
$\frac{\pi}{2}$
π
$\frac{3}{2}\pi$
2π

つまり　このとき
ゼロ点（グラフを指差して）を
通過する位置で
電圧と電流は
完全に一致しているよね
ゼロ点
はい！

このように
抵抗負荷を
接続したときには
電圧と電流の波形は
位相がそろうんだよ
ところが
抵抗のほかに
コイルをつなぐと
どうなるかな？

負荷が直列に並んだだけだから同じようなグラフになるんじゃないかな
でも抵抗とコイルじゃ性質が違うわよ…
実はコイルを接続すると電圧と電流の位相がずれてしまうんだよ
つまり電圧の最大値と最小値が電流の最大値と最小値と時間によって異なるということだよ
なるほど
こうした状況を位相差があるというんだよ
位相差！

インピーダンスについては
コイルのところで説明したけど
簡単に言うと
交流に対する電気抵抗の
ことだよ
だれかさんは
インピーダンスと
フラダンスを
間違えたっけ
うふふ
ま まぁ
過去には
そういうことも
あったっけ…
えへへ

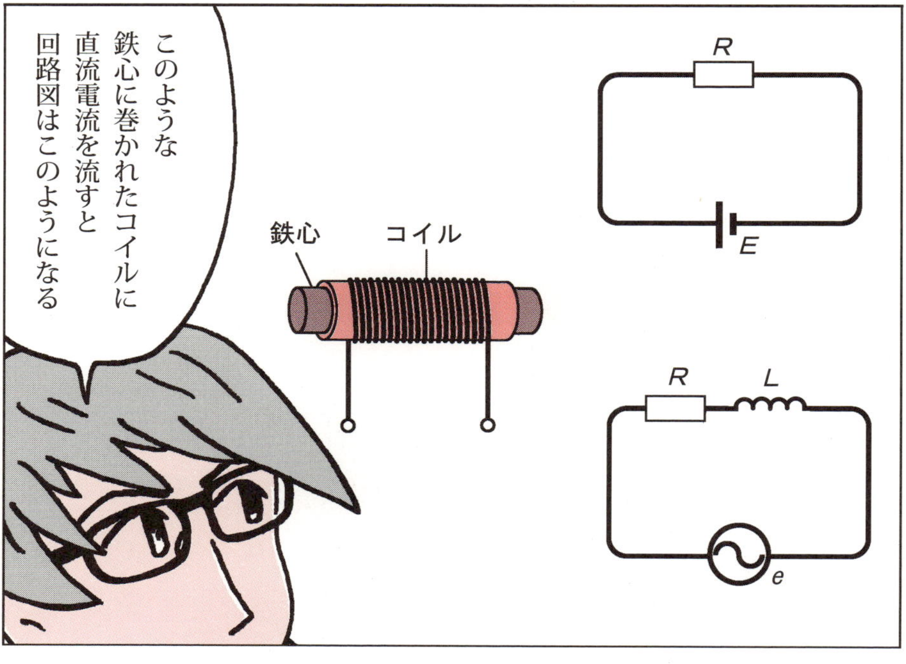
このような
鉄心に巻かれたコイルに
直流電流を流すと
回路図はこのようになる
鉄心
コイル
R
E
R
L
e

基本的な回路図だよね
R
E
じゃあ直流ではなく交流だとどうかな?
う〜んコイルは難しいわ…

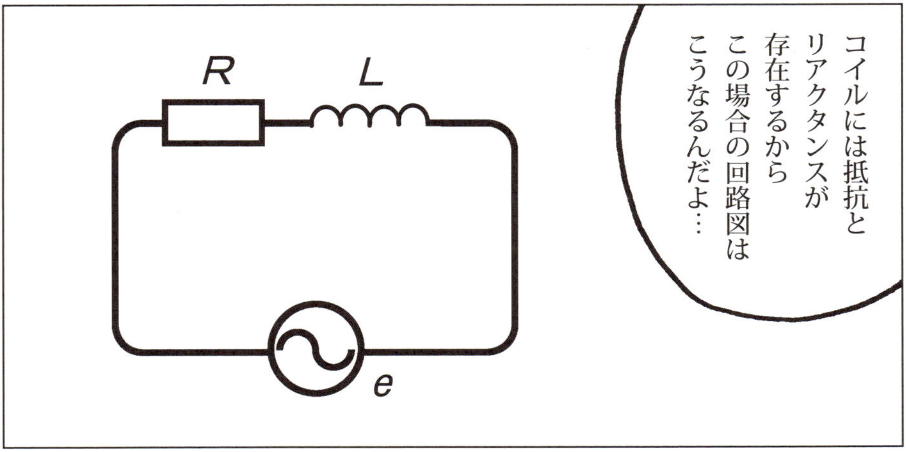
コイルには抵抗とリアクタンスが存在するからこの場合の回路図はこうなるんだよ…
R
L
e

へ〜抵抗とコイルが直列になっている
たしかにコイルが入ると要注意よね…

抵抗に電流を流すと熱が発生することは前に話したよね
抵抗
トースターや電気コタツなどはこの熱を利用しているんでしょ
うんジュールという人が電流が導体を流れるときに電気抵抗によって熱が発生することを発見したのでこの熱をジュール熱と呼ぶんだよ
つまりニクロム線のように抵抗の大きな電線に電流を流すと発生する熱エネルギーのことだよ
英介さんテーブルタップに触ると少し熱をもっているじゃないですかそれもジュール熱ですか？
そうだねアダプタなんかかなり熱をもっているよね…

たしかに
ジュール熱だよ
たとえば
タコ足配線に
すると
テーブルタップは
かなりの
ジュール熱を
出すから
危険なんだ
タコ足配線は
やめたほうが
いいね
はい
さっき　ニクロム線て
言ってたけど
それって鉄ですか？
いや
ニッケルクロムの
導線を
ニクロム線と
いうんだよ
ニクロム線
（ニッケルクロムの導線）
他にも
ジュール熱を得やすい
金属材料として
鉄クロム線などが
あるよ
このように
ジュール熱によって発熱する材料を
発熱体といいます
涼子ちゃん
頑張ってる
わね
はい
ジュース
よ
はい！

電子レンジのコンセントとか時々あったかいときあるじゃんあの熱なんていうか知ってる？
さあ…
ジュース熱っていうんだよ
へーそー
ジュース熱ジュース熱…
もう～真一君おばさんにウソ教えたらダメじゃない！
あとで本当のことを教えておくよ
でもジュール熱って説明してわかるかなぁ…

P チェックポイント

・複雑な回路も、簡単な回路の組み合わせでできています。

・抵抗負荷を接続すると、電圧と電流の波形は位相がそろいます。

(5) ダイオード
……
ドライヤは交流につないで使うけど送風用のファンは直流のモータが使われているんだよ
交流なのに直流モータが回るんですか？
交流電源で直流モータを回そうとしても無理だけど交流電源にダイオードつまり　整流器を使うと交流を直流に変換してくれてモータを動かすことができるんだよ
へー

ヘアドライヤのファンはこのダイオードで整流された直流電流で動いているんだ
ダイオードを使わないとどうしてモータは動かないんですか？
電流の流れる方向が関係しているんだよ
直流はいつでも一定方向に電流が流れるけど交流は絶えず電流の方向が変化しているよね
そのために直流モータに交流を加えても、モータを回転させることができないんだ
だからダイオードを使って交流を直流に変換してモータを動かしているんですね…
このドライヤにも様々な知恵が詰まっているのね
大切に使わなきゃ…
P チェックポイント
・ダイオードを使って交流を直流に変換します。

(6) トランス
…
電柱や様々な電気製品にはトランスつまり変圧器が使われているんだよ
トランスって何ですか？
供給される交流電圧が高すぎたり低すぎる場合に必要な電圧に変換する装置がトランス（変圧器）だよ
この変圧器の原理は電磁誘導を応用したもので磁場と導体が相対的に変化しているときにはその導体に起電力が発生するんだ
積層ケイ素鋼板
一次コイル
二次コイル
負荷
このように一次側に巻かれたコイルと二次側に巻かれたコイルの巻き数の比で電圧が設定できるんだよ

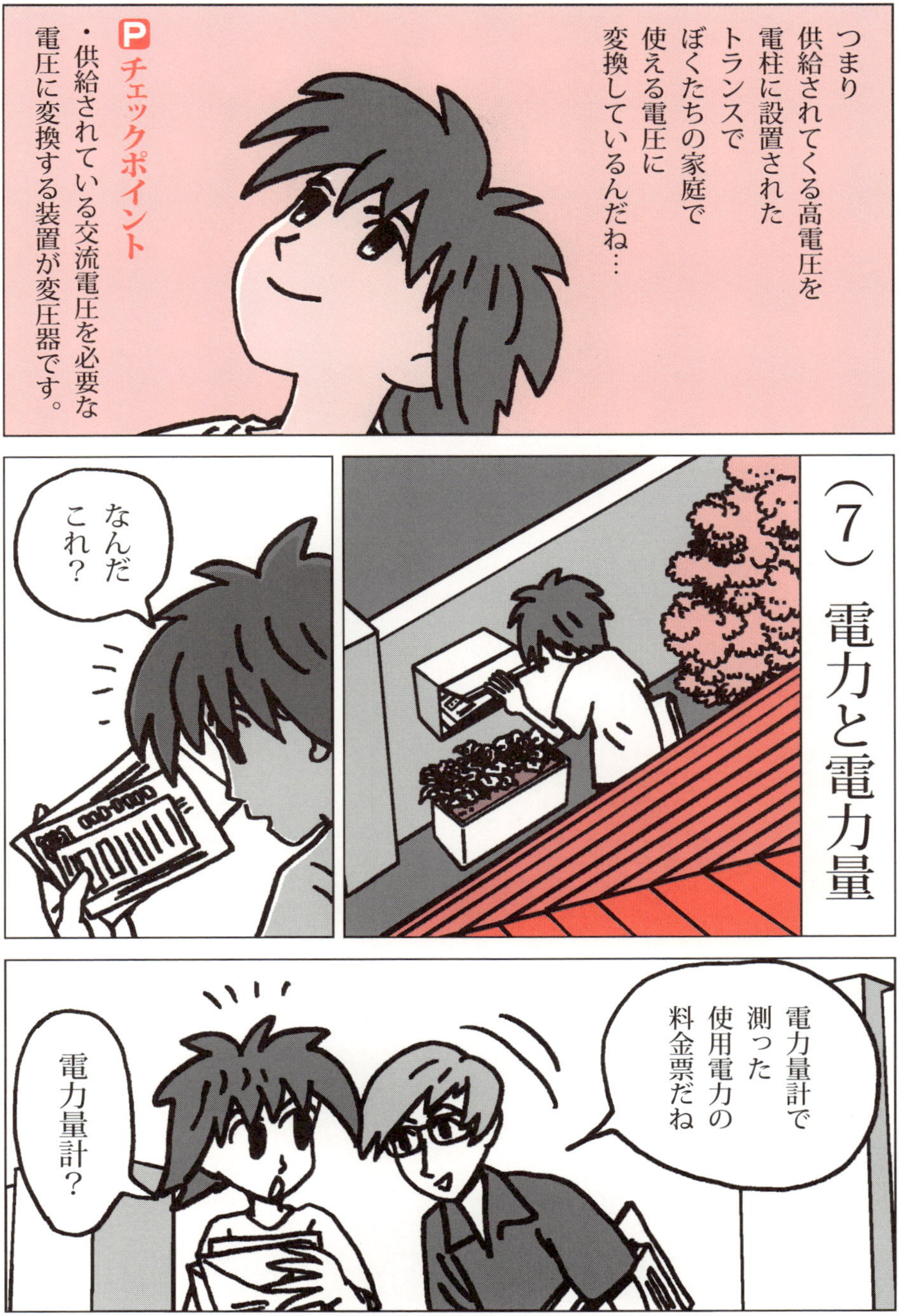
つまり
供給されてくる高電圧を
電柱に設置された
トランスで
ぼくたちの家庭で
使える電圧に
変換しているんだね…
チェックポイント
・供給されている交流電圧を必要な電圧に変換する装置が変圧器です。
(7) 電力と電力量
なんだこれ？
電力量計で測った使用電力の料金票だね
電力量計？

これが電力量計だよ
へ〜これはそういうものだったの…
この計器で一ヶ月間の電気使用量を測って電力会社が電気代を請求してくるんだよ
電力量計
家庭で電気製品を使うと電流が流れて電力を消費するんだ
電気製品を使う
電力を消費
だから流れる電流が多ければ多いほど消費電力も多くなるというわけだね
英介さんところで電力って何でしたっけ？
たとえばテレビやパソコンなどの負荷に電圧を加えると電流が流れるよね
うん
そしてこの電流が様々なエネルギーに変換される
つまりテレビが映ったりパソコンが稼働したりするよね
ようするに仕事をするわけだよ

そして この単位時間当たりに する仕事の大きさが 電力なんだよ
へー
電力の単位には W（ワット）が 用いられます
さらに 電流が ある時間内にする仕事の量 つまり エネルギー量を 電力量というんだよ
この電力量は 電力と時間の積で 表されるんだ
電力量＝電力 × 時間
それと電力量の単位には J（ジュール）やW・sやW・hが 使われているんだよ
あれ
ジュールって ジュール熱でやった ジュールと同じだね
もしかして この電力量も ジュールって人が 考えたの？
そうだよ
へー すごいや
P チェックポイント
・使用電力は電力量計で測ります。
・流れる電流が多いほど、消費電力が多くなります。

（８）消費電力
そこに消費電力が書いてあるでしょ
うん
消費電力６００Ｗって書いてある…
ドライヤだけでなく蛍光灯でもエアコンでも電気器具には消費電力が明記されているんだよ
つまりその電気器具はどのくらいの電力を必要としているかということなんだ
じゃあこのドライヤは使うと６００Ｗの電力が消費されるんだね
いずれ計算方法は教えるけどこのドライヤは交流電圧１００〔V〕を使っているから６〔A〕の電流が流れていることになる
同じように蛍光灯の消費電力が３０〔W〕なら０.３〔A〕の電流が流れるんだ

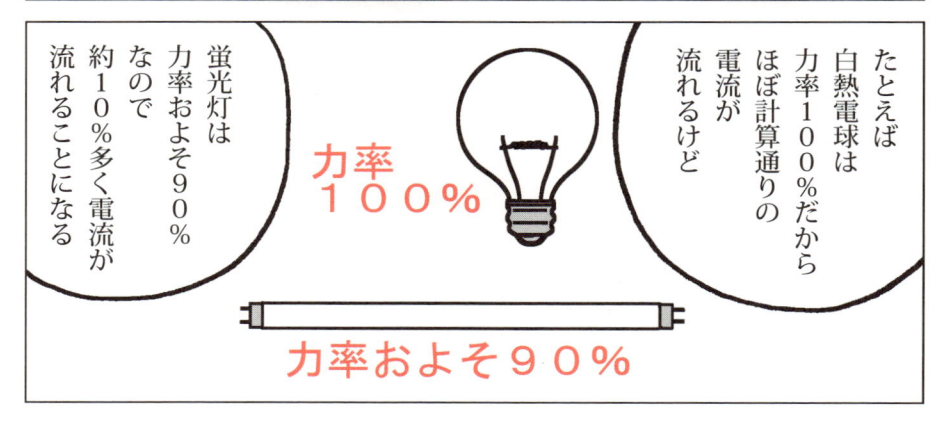

ところが実際に流れる電流は蛍光灯では１０％ほど多く流れているし洗濯機や大型テレビなどはそれ以上の電流が流れているんだよ
え？
どうしてですか？
力率の違いによってそうしたことが起こるんだよ
力率？
力率とは交流の電圧と電流との位相差をcosで表したものです
たとえば白熱電球は力率１００％だからほぼ計算通りの電流が流れるけど
力率１００％
蛍光灯は力率およそ９０％なので約１０％多く電流が流れることになる
力率およそ９０％

同じようにモータなどを使った電気器具は力率９０％以下なので１０％以上多く電流が流れるんだよ
でも英介さん電流が多く流れるってどういうことですか？
つまり表示より多くの電力が必要だというわけでこれを見かけの電力つまり皮相電力と呼ぶんだよ
そうか
電流が多く流れると電力も多くなるんだね
だけど見かけの電力というからには見かけでない本当の電力もあるんじゃないの？
さすがぼくの従兄弟さえてるね
どういうことよ！
見かけの電力つまり皮相電力と力率の積が実際に消費する電力というわけなんだ

この電力を
有効電力と
呼ぶんだよ

なるほど
でも
こんな面倒な
呼び方
しなくても
いいように
すべての
電気器具が
力率
100%なら
いいのに
そうだね
ぼくも
そう思うよ

チェックポイント

・力率は交流の電流と電圧の位相差によって決まります。

・皮相電力と力率の積が、実際の消費電力です。

電気器具	力率
ニクロム線ヒータ	1
白熱電球	1
蛍光灯	約0.9
ACモータを使った洗濯機	約0.85
大型液晶テレビ	約0.88

第三章　身の回りの電気回路

（1）電気の使い方
真一君ブレーカに何て書いてある？
え～と…
40Aだけど…
40A
ということは真一君の家では電力会社と40Aの契約をしているということだね
へーそうなんだ…
以前はほとんどの家庭が10A契約だったんだよ
だけど最近ではどこの家庭でもエアコンの数は増えたし冷蔵庫や電子レンジやたくさんの電気製品を使うようになったよね

だから１０Ａでは足りなくなってきたんだよ
よくわかんないけど４０Ａだとどこがいいの？
たとえばエアコン１基の消費電力が１２００Ｗとして真夏の炎天下にエアコンを３基同時に使うとエアコンだけで３６００Ｗの電力を消費することになるよね
ということは１０Ａで契約している家庭では　ブレーカが下りてしまうよね？
すずしい〜
ブレーカが下りる？
つまり契約以上の電流が一定時間流れるとブレーカが下りるようになっていて電気が使えなくなってしまうんだよ
ところが真一君ん家のように４０Ａの契約なら大丈夫だよね
なるほどそういうことか

だけど その状態で 真一君が ドライヤを 使ったりしたら ブレーカが 下りて しまうよ
1200W
1200W
1200W
600W
1200W×3+600W=
4200W
契約オーバーです！
でも 英介さん もしも 突然 電気が切れたら パソコンを 使っているとき なんか 大変じゃん！
そうだね
UPS
そうしたトラブルを防ぐのが 無停電電源装置（UPS）といって 万が一電源が切れても バッテリから電気の供給を受けて 一定時間は電源が切れないように できるんだよ
パソコンの本体にも バッテリ補充機能付きの ものがあるから パソコンを買うときに 注意して選ぶことだね
英介さんの パソコンは 大丈夫？
それが パッと見で 気に入って 買ってしまって…
たはは

133
（1）電気の使い方

つまり
バッテリ補充
機能付きじゃ
ないってことね
お恥ずかしい
エヘヘ…
衝動買いってやつだね
どうもぼくたちの家系は
おっちょこちょいの家系みたいだね
そ
そうだね…
真一君
ガス栓を
しめて！
わかった！
大きな地震の時は
配電盤のメインブレーカを
切ってから避難するんだよ
グイッ

これで
大丈夫
あれ
英介さん
パソコンで
レポート
書いてる途中
だったでしょ？
しまった〜
おっちょこちょいの
家系は
悲しい〜
Oh Now

P チェックポイント

・無停電電源装置があると、万が一電源が切れても、一定時間は電気の供給が受けられます。

(2) トランジスタの特性
なにこれ？
トランジスタだよ
トランジスタラジオなら聞いたことあるけど…
トランジスタラジオにはトランジスタが使われているんだよ
昔のラジオは真空管を使っていたけど
真空管（球）
トランジスタ（石）
その真空管が球と呼ばれていたのに対してトランジスタは石と呼ばれていたんだ
だから6石ラジオといえば六つのトランジスタを使ったトランジスタラジオという意味なんだよ
6石ラジオ
へー
で何に使うの？

トランジスタは微弱な電流を増幅したり0と1を切り換えるスイッチングの機能をもつ半導体素子なんだよ
0
1
スイッチ
シリコンの板の上にトランジスタや抵抗などの素子をたくさん配置して一つの機能を持たせたものを集積回路（IC）といいます
0と1?
つまりONとOFF
二進法だと思えばいいよ
二進法って数学でやったことあるけど0と1だけしか使わない数字の表し方でしょ
そう　ぼくたちが普段使っているのが十進法で0から9までの10の数字を使って表すよね
100101
1010
ところが二進法は0と1だけですべての情報を表すことができる
つまりこの二進法がコンピュータの基本的な考え方になっているんだよ

じゃあトランジスタなしにはパソコンは考えられないんだね
うん
当初デジタル回路ではトランジスタが電子的なスイッチとして使われ半導体メモリマイクロプロセッサその他の論理回路で使われていたんだよ
今は使われていないの？
そうなんだよ
ICが普及してくるとトランジスタが単体でデジタル回路の論理素子として使われることはほとんどなくなったね
じゃあどこに使われているの？

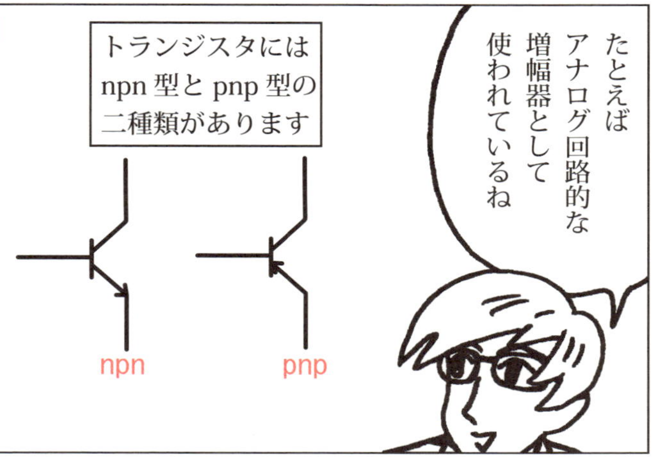
たとえばアナログ回路的な増幅器として使われているね
トランジスタにはnpn型とpnp型の二種類があります
npn
pnp

P チェックポイント

・トランジスタは、微弱な電流を増幅したりスイッチング機能を持つ半導体素子です。

・トランジスタは、アナログ回路的な増幅器として使われています。

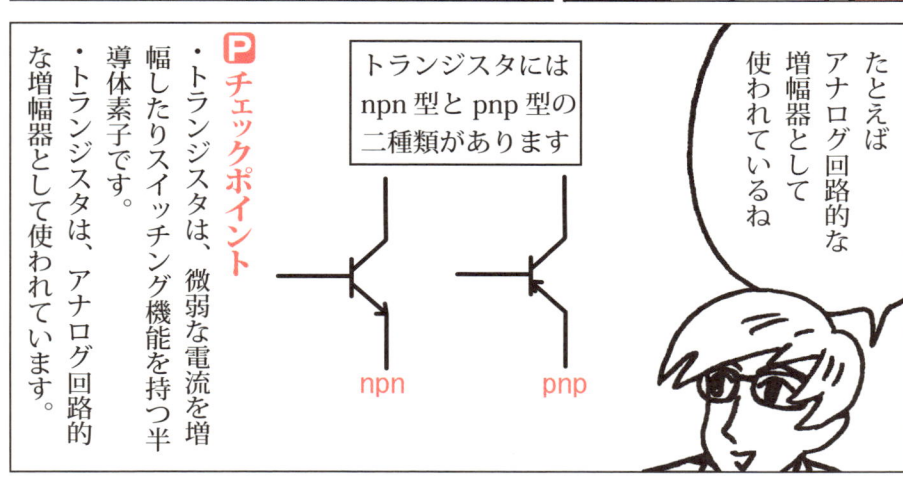

(3) モータの仕組み
だから英介さんに教えてもらったことは 全部涼子ちゃんにも話したじゃんか～
はあ はあ
そりゃそうだけど…
しょうがないよ従兄弟で同居人なんだから～
Nittaku

Joy's
じゃあ英介さん始めてください！
涼子ちゃん張り切ってるね
おかげで電気回路が面白くなってきたんですぅ
じゃあ　今日はモータについて話してあげるね
よろしくお願いします！
モータは電流の磁気作用を応用してフレミングの左手の法則に従って回転するんだよ
フレミングの左手の法則？
フレミングの左手の法則については　あとでじっくりと教えてあげるよ
まずそういう法則があって　モータが回るということだけ覚えておいてね
はい！

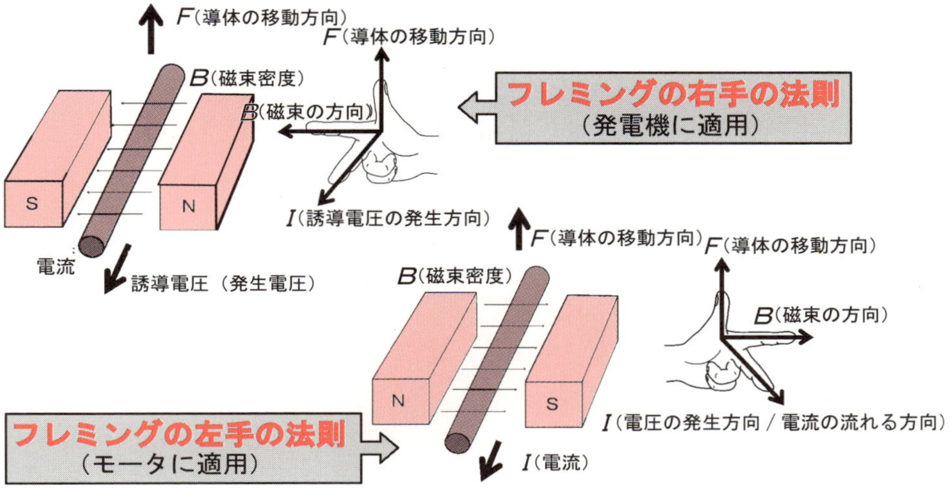
F（導体の移動方向）
F（導体の移動方向）
B（磁束密度）
B（磁束の方向）
S
N
フレミングの右手の法則
（発電機に適用）
I（誘導電圧の発生方向）
電流
誘導電圧（発生電圧）
F（導体の移動方向）
F（導体の移動方向）
B（磁束密度）
B（磁束の方向）
N
S
I（電圧の発生方向／電流の流れる方向）
フレミングの左手の法則
（モータに適用）
I（電流）

電流の磁気作用ってどういうこと？
このように電線に電流が流れると電線の回りに磁界が発生するんだよ
磁力線
電流 I
電流 I
＋
－
そして磁界が発生すると鉄などの金属を引き寄せたりするエネルギーが生まれるよね
これが電流の磁気作用というわけだよ

じゃあ
モータは
これを応用して
回転して
いるんですね
そういうこと！

今度は　同じような
回路を使って
電線を磁石で
挟んでみるよ
すると
フレミングの
左手の法則に
従って
電線にF方向の力が
働くんだよ

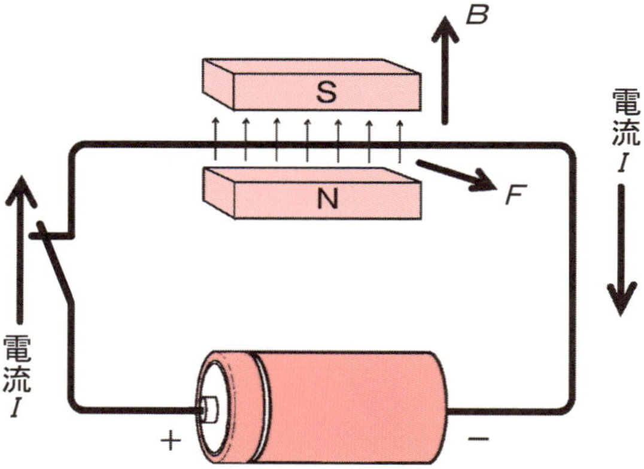
B
S
N
F
電流
I
電流
I
+
−

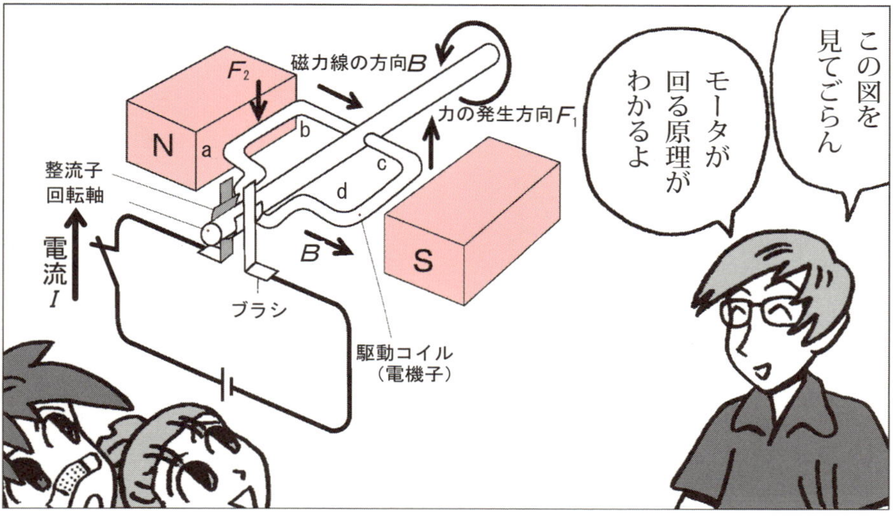
この図を
見てごらん
モータが
回る原理が
わかるよ
磁力線の方向B
F_2
N
a
b
c
d
力の発生方向F_1
整流子
回転軸
電流
I
B
S
ブラシ
駆動コイル
（電機子）

141

(3) モータの仕組み

簡単に説明すると電線a－bと電線c－dが反時計方向の回転力となって回転軸Kを中心として回転する
これがモータが回転する原理なんだ

図のように電流が流れているときに、電線 a-b には F_2 の方向に力が働きます。同様に、電線 c-d には F_1 の方向に力が働きます。そして、両者の力が反時計方向であることが作用して、回転軸 K を中心に回転し始めます。

ここで一つだけ問題があるんだよ
なんですか？

磁石を両極に設置してあるときにはモータは回るけど磁石の外側にはみ出したとき
たとえば　図では駆動コイルのa－bとc－d部が磁石からはみ出して最上部か最下部に来たときにモータは回らなくなってしまうんだ

どうすればいいんですか？
そこで実際のモータは駆動コイルの数を増やすことでスムーズに回転するようになっているんだよ
ふむふむ
なるほど……
どうしたの？
うんモータに電流を流すと回るわけでしょ
だよね…
ということはモータにはエネルギーが発生したということじゃないの？
そうだね…
それで？
でそのエネルギーはどうなるのかしら？
そーか
涼子ちゃんいいところに気が付いたね

たとえばさっきの状態でモータを回したとするよ
この状態では外部の電源から電流を流してモータを回しているわけだけどそのモータを電源から切り離したとするね…
そしてそのモータの入力端子に電球を接続したらどうなると思う?
どうってもしかして電球が点灯するのかなぁ…
わたしもそう思うわ
正解!
電球が点灯するんだよ
え～どういうことですか?
つまり　モータの回転エネルギーが電気的なエネルギーに変換されたということなんだ
モータの回転エネルギー
変換
電気的なエネルギー

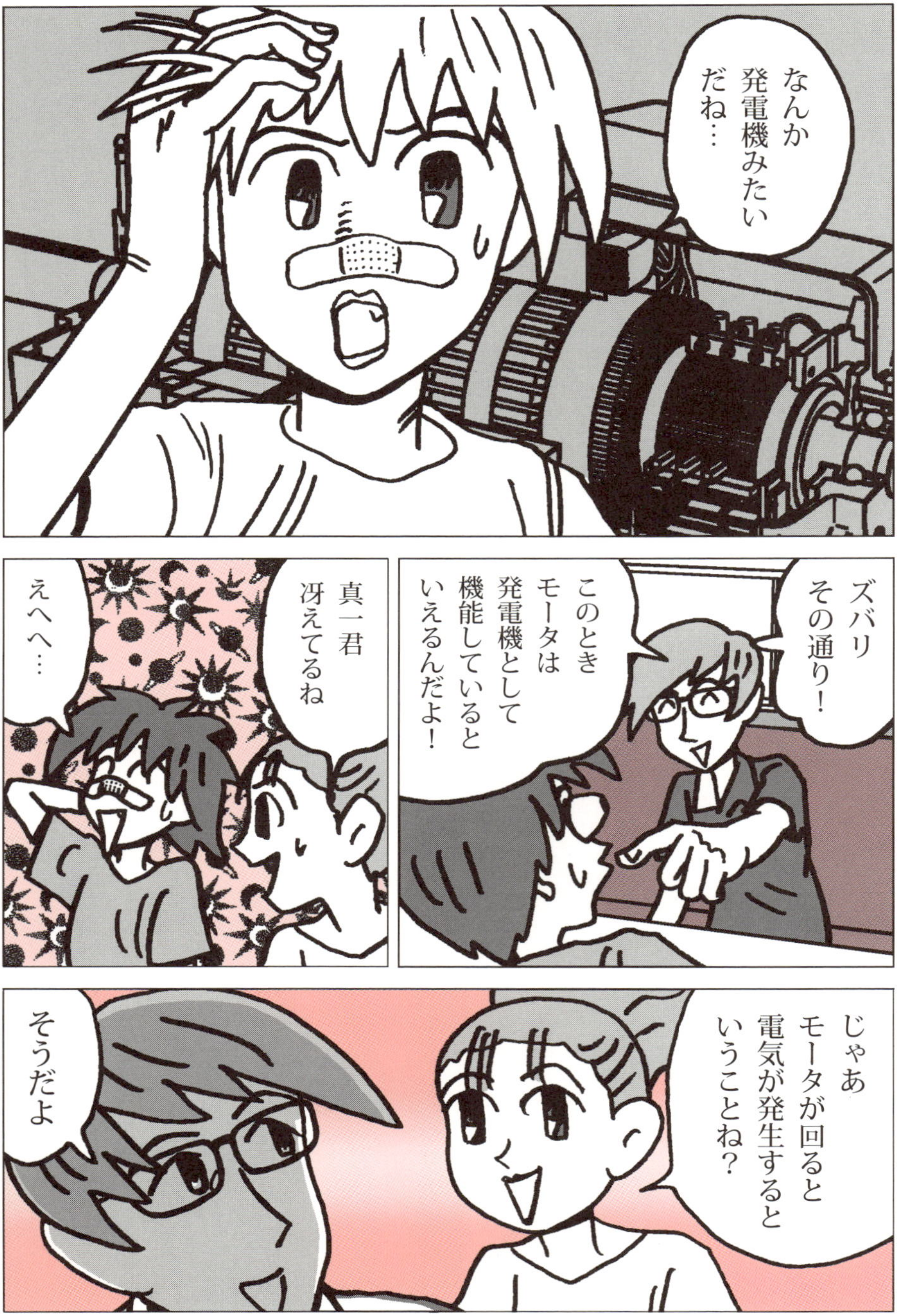
なんか発電機みたいだね…
ズバリその通り!
このときモータは発電機として機能しているといえるんだよ!
真一君冴えてるね
えへへ…
じゃあモータが回ると電気が発生するということね?
そうだよ

……
回転
回転……
もう～下品なことやめてよね
あ ごめん
英介さん ちょっと質問なんだけど モータの回転数って 一定なのかなぁ？
決まってるじゃない
回転数が一定でなかったら使えないわよ
たしかに 表示されている回転数で 一定に回るけど 実際は 回転数を変えて使うのが 一般的なんだよ
そ そうなんですか…
もっと 回転数を上げて 使いたいとか 逆に 回転数を下げて 使いたいと いうことが 多いんだよ

たとえば
エアコンや扇風機などの
強風や微風などの切り換えも
そうだよね
モータを
速く回したり
遅く回したり
するの？
どういう
仕組みに
なって
いるん
ですか？
回転数制御回路と
いうのを使って
回転数を
調整できるんだよ
回転数制御回路？
電源電圧を上げれば
回転数は上がるし
電源電圧を下げると
回転数は下がるんだ
ようするに
この原理を
応用するんだよ
電源電圧を上げる
回転数が上がる
電源電圧を下げる
回転数が下がる
回転数制御回路を使って
モータの回転数を調整する方法は、
二つあります。

▸147◂

(3) モータの仕組み

一つは「抵抗制御法」といって、モータと電源の間に電圧調整回路を組み込む方法です。この回路を組み込むことで、モータに供給される電圧を調整します。
……
ふむ ふむ…
おもに、小型モータに利用されます。次に、「パルス制御法」といって、ONかOFFいずれかの状態の繰り返しで調整します。つまり、電流を間欠的に流すことで、回転数を制御するわけです。

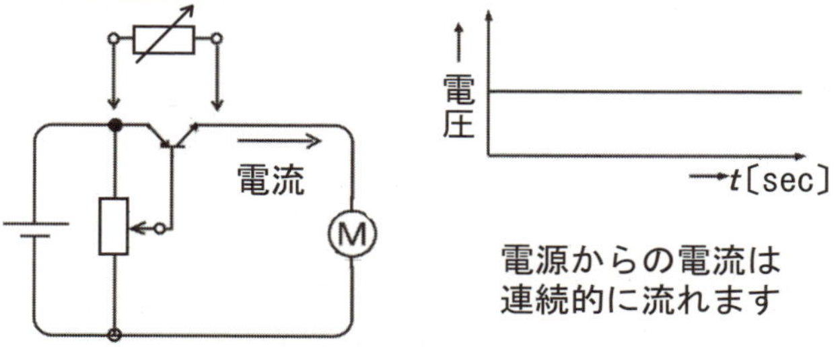
電流
M
電圧
t〔sec〕
電源からの電流は
連続的に流れます

抵抗制御法

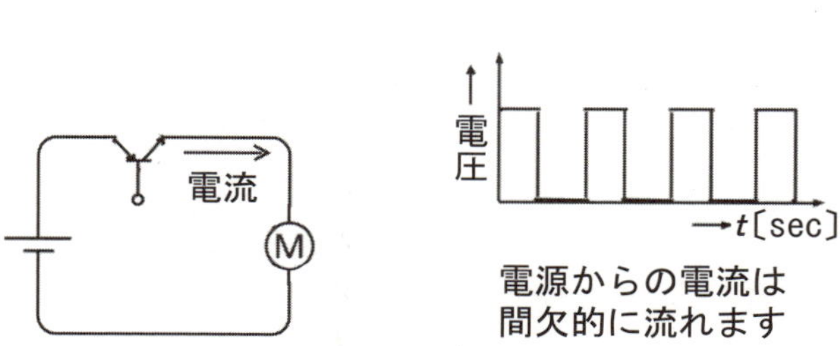
電流
M
電圧
t〔sec〕
電源からの電流は
間欠的に流れます

パルス制御法

P チェックポイント

- モータは、電流の磁気作用を応用して、フレミングの左手の法則に従って回転します。
- モータは、駆動コイルの数を増やすとスムーズに回転します。
- 回転数制御回路を使ってモータの回転数を調整できます。

（4）太陽電池
英介さんのその時計電池が必要ないんでしょ
うん太陽電池を利用しているからね
太陽電池！
たしか太陽の光を利用しているんだよね
そう
太陽光を電気エネルギーに変換することで時計が機能しているんだよ
電気エネルギーの変換
わたしの電卓は電池が必要ないんだけどもしかすると太陽電池を利用しているのかしら？
この電卓は　薄くて郵便番号を記入するようなガラス状の窓が付いてるよね
これは太陽電池を利用した電卓だよ
やっぱりそうなんだ

太陽電池ってよく聞くけどどんなものなの？
光電効果って聞いたことあるかな？
……
知らないよねやはり！
どういう意味ですか？
いいや…
知ってると言われたら逆に驚くけどね…
はは…
物質が光を吸収し電子を放出する現象を光電効果と呼んでいるんだよ
吸収
光
物質
電子を放出
《光電効果》
さらに光電効果によって半導体の接合部に電圧が現れる現象を光起電力効果というんだ

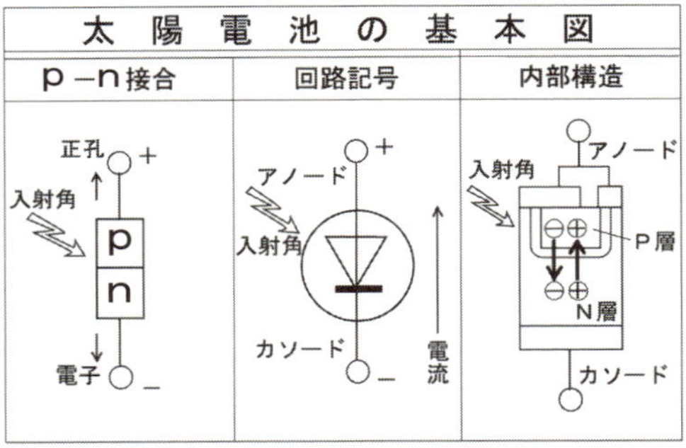
太陽電池の基本図
p－n接合
回路記号
内部構造
正孔
＋
入射角
p
n
電子
－
アノード
入射角
カソード
－
電流
アノード
入射角
P層
N層
カソード

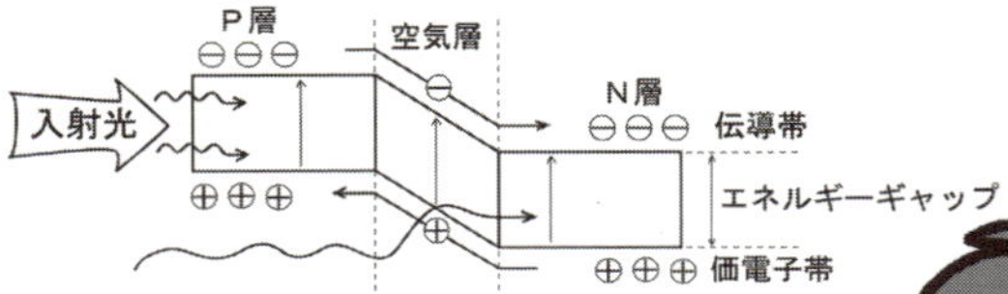
P層
空気層
入射光
N層
伝導帯
エネルギーギャップ
価電子帯

そして
太陽電池というのは
光電効果の中の
光起電力効果を
応用したもの
なんだよ
ちょっと
難しそう….

一般の太陽電池は
このように
p型半導体板と
n型半導体板とが
合わさった
p-n接合が
基本なんだよ

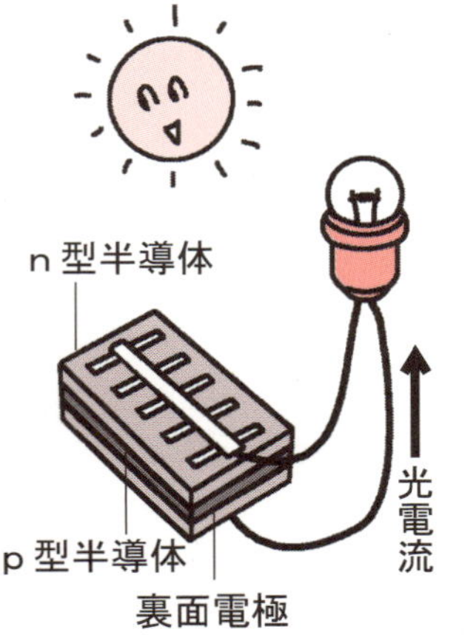
n型半導体
p型半導体
裏面電極
光電流

p-n接合面には、電子をn型側に、ホールをp型側に引っ張る強力な電界が発生します。ホールというのは、プラスの電気量を持つ粒子のようなもので、電子の抜け穴みたいなことから正孔ともいわれます。p-n接合部では、電子はすべり台をすべり降りるように、ホールは水中の泡のように浮き上がり、電子、ホールをそれぞれ逆向きに移動します。すなわち、p-n接合の役割は、電子とホールが分離することです。p型半導体にプラス出力が、またn型半導体にマイナス出力がそれぞれ出力されます。

151
（4）太陽電池

太陽がエネルギーの源なら石油などの資源のようになくなる心配がないからいいわね
それに二酸化炭素を排出しないから環境面からみても歓迎だよね
さらに様々な分野に利用範囲が広がると思うよ
太陽電池っていいことだらけだね
ところがそうでもないんだよ
といいますと？
太陽電池で大きな電力を確保するにはかなり大きな面積が必要になってくるからね
設備が大変だよ
あ そうか
それといつも晴れとは限らないから雨の日だと発電量が少なくなるよね
なるほど…

もうひとつ大きなデメリットがあって
太陽電池は蓄電できないんだよ
でも電池なんでしょ？
え～～
電池といっても乾電池のようなわけにはいかないんだ
だから雨の日や夜間などは電力会社の供給を利用するか
あるいは蓄電池などのバッテリーと組み合わせる工夫が必要になってくるね
ふ～ん
そうなんだ…
P チェックポイント
・太陽電池は光起電力効果を応用しています。
・太陽電池は蓄電できません。

（5）蛍光灯と白熱電球
二人とも照明器具といえばどんな照明を思い浮かべるかなぁ？
リビングの照明に電気スタンドの照明でしょ…
それに街灯や公園の常夜灯とか自転車や自動車の照明なんかもあるよね
そうだね　まだまだ様々な照明器具があるね
一般に家庭で使われている照明器具は蛍光灯か白熱電球だね
あの電球などは白熱電球だね

英介さん
蛍光灯と
白熱電球って
違うもの
なの？
ちがうよ
やだ
わたしも
真一君と
同じように
考えてた…
ふ～ん
白熱電球というのは
通常　目にする
いわゆる電球と
呼ばれている
ものだよ
構造は
こうなって
いるよ…
シリカ塗布ガラス
二重コイルフィラメント
吊り子
アルゴンなどの
不活性ガス
ステム
内部導入線
排気管
口金
中心電極
基本的な構造は　電球の中に
二重コイルのフィラメントがあって
アルゴンなどの不活性ガスを
入れてあるんだよ
コイルを使っているなら
電流を流すと
熱を発生するんじゃ
ないですか？
いや
コイルで熱を
発生させるのではなく
コイルが抵抗となって
その抵抗で熱を
発生するという
考え方が正しいよ

155
（5）蛍光灯と白熱電球

白熱電球の原理は電流でコイル状のフィラメント（タングステン）を加熱することで発光させるわけだけど
74 W タングステン 183.8
タングステンという抵抗をもった金属に電流を流すことで熱を発生させるという作用を利用しているんだよ
でも熱を発する分だけ効率は低くなるんじゃないですか?
そうなんだ熱として消費されるから発光効率はかなり低くなるよ
だけど　白熱電球は温かみのある色だよね
クリスマスの夜のキャンドルのようですごくロマンチックな光だわ
そうかなぁ
明かりはみんな同じに見えるけど…
あんたみたいな無神経な男には女性の繊細な気持ちは永遠にわからないわね
？

涼子ちゃんの言うとおりかも
真一君じゃあ蛍光灯はどんな色をしてる？
たぶん白っぽい色だと思うけど…
青白色をしているよね
ということは白熱電球とは異なる色ということじゃないか
あそうだね！
ほらね
物事をよく見ていないからそういう答え方になってしまうのよ
卓球だって状況判断がなっていないから弱いのよ！
あ～なんでそうなるわけ！卓球と電球は関係ないじゃん！
だったらわたしに勝ってみなさいよ！
それは…
やれやれ田崎家は女性に弱い家系だなぁ～

蛍光灯のガラス管の内部には蛍光物質が塗ってあって中には水銀蒸気が入っているんだよ
コンデンサ
グローランプ
紫外線
安定器
電子
蛍光物質
水銀蒸気
そして 蛍光管の両端にフィラメントタイプの放電電極が設置されているんだ
英介さん 蛍光灯って白熱電球と違って小さなランプが付いてますよね
そうだね グローランプというんだけど
グローランプ
まず 電源が入るよね
すると 初めに点灯管 つまり グローランプが放電して その熱で接点が閉じて 蛍光管の両端にあるフィラメントが加熱されるんだよ
このとき 多量の自由電子が放出されるんだよ
自由電子
そして 点灯管の接点が冷えることで開いてオフになり その瞬間 高電圧が発生することで両端のフィラメントは放電電極として作用することになる

このとき自由電子は電極のプラス方向に引かれて放電を始めるんだよ
どうして自由電子はプラス方向に引かれるの？
電子は負の電荷を帯びているからだよ
つまり電子はマイナスだからマイナスはプラスに引かれるわけなんだ
なるほど
電子はマイナスなんだ…
←水銀蒸気
プラスに引かれる自由電子
そしてこの自由電子がガラス管内に入っている水銀蒸気に衝突する
水銀蒸気
このとき　自由電子のエネルギーの影響で原子内の電子が内側から外側の軌道に飛び出して水銀原子が不安定になり電子軌道の安定状態に戻ろうとするんだ
そのときに余ったエネルギーを紫外線として放出するんだよ

159
（5）蛍光灯と白熱電球

じゃあ紫外線が蛍光灯の光なんですね
いや紫外線は目に見えないからこの紫外線をガラス管の内側に塗った蛍光物質に照射することで目に見える光となるんだよ

ということは蛍光灯の明かりは熱じゃなくて放電の明かりなの？
お！真一君いいところに気がついたね
たしかに蛍光灯は放電による光で一方の白熱電球は熱放射による光なんだよ

てことは　涼子ちゃん白熱電球は熱だから温かく見えるのかも
へ～真一君もちょっと繊細な気持ちがわかるようになったわね

P チェックポイント

・白熱電球は、電流でフィラメントを加熱することで、発光させます。
・蛍光灯は、放電を利用して発光させます。

(6) 電波の周波数
…ぼくたちの回りにはたくさんの電波が飛び交っているんだよ
たとえばどんな電波があると思う？
テレビやラジオや携帯電話や…
アマチュア無線って聞いたことがあるよ
そうだね
他にもパトカーの無線やタクシー無線や船舶の無線なんかもあるよね
たとえばテレビの放送局で収録した音声入りの映像信号があるとするよ
だけどこうした映像を単にアンテナに接続しても電波として飛んではくれないよ
どうすればいいんですか？

搬送波を使うんだよ
搬送波？
つまり　音声や映像信号を電波として運んでくれるための電波だよ
じゃあ信号を電波が運んでくれるんですか？
電波
信号（音声や映像信号）
そうだよ
変なの…
搬送波を送信アンテナから電波として発射して遠方の受信機で音声や映像信号に変えることでテレビが観られるんだよ
てことは方法さえ知っていればぼくたちもテレビ局を開局できるってことだね
わーすごいねー

ところが電波法というのがあって個人が勝手に電波を発射することは禁じられているんだよ
な～んだつまんないの
でも　誰でも好きなように電波を飛ばすとトラブルが起きるんじゃないかしら
そうかなぁ
だってテレビを観ていて突然　画面にわけのわかんない映像が映ったらどうするの？
そんなことってあるの？
十分ありうることだよ
テレビが使っている周波数と同じ周波数で強い電波が飛んできたらそうなるかもね
いわゆる電波障害というやつだね
ふ～ん

163
（6）電波の周波数

…英介さん携帯電話も電波法を守らないと造れないの？
もちろん
すべての携帯電話は発売開始前に電波法に基づいて国の技術基準に適合しているかどうかの確認を受けることが義務づけられているんだよ
テレビやラジオ携帯電話などは、それぞれ特有の周波数が使われています。
使われる電波の周波数が異なれば混信などのトラブルも起こらないよね
そのために送信周波数が割り当てられているんだよ
周波数って前に教えていただいた電源の周波数と同じようなものですか？
そうだよ
たしか富士川を境にして東日本が５０Hz西日本が６０Hzだったよね

よく覚えていたね関心関心
テレビってどのくらいの周波数を使っているのかしら？
NHK が 90～108MHz で
民放が 170～222MHz だよ
1 メガヘルツ（MHz）は
100 万 Hz あるいは
1000kHz だからね
じゃあ携帯電話は？
携帯や PHS だと 800MHz
1.5 ギガヘルツ GHz
1.9GHz だね
ちなみに　1 GHz が
1000MHz だからね
……
携帯電話だと電波の周波数が高いのね
電波の周波数が高いほど、波長が短くなります。ちなみに、電波の波長というのは、波動の山から山、あるいは谷から谷の一周期分の長さです。

VHF (90 ～ 108MHz/1 ～ 3ch)
(170 ～ 222MHz/4 ～ 12ch)
UHF (470 ～ 770MHz)
携帯＆PHS
800MHz
1.5GHz
1.9GHz
無線 LAN
2.45GHz
AM ラジオ
(531 ～ 1602kHz)

P チェックポイント

・電波は搬送波に乗せて飛ばします。
・電波は、個人が勝手に発射できません。

携帯電話だと電波の周波数が高いんだって…
なに？見積りが高すぎる？そんなこと言うと契約打ち切るぞ…

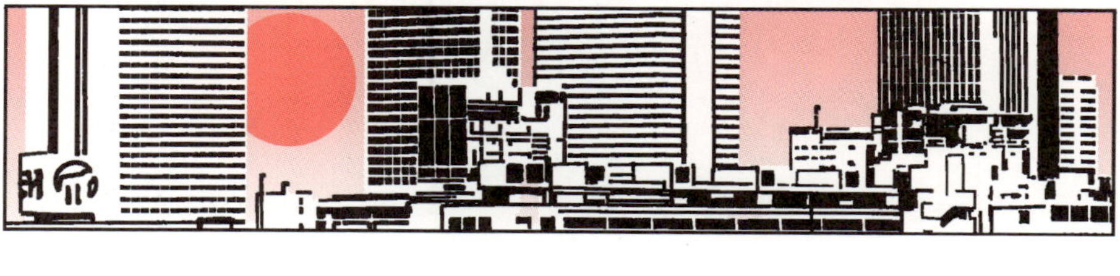

(7) IHヒータは誘導加熱を利用している

電気コンロや電気コタツなどはニクロム線や赤外線ランプを利用していることは知っているね
うん 導線に電流を流すと熱が発生するんだよね
ジュール熱ね
偉いぞ 二人とも だいぶ 電気回路が わかってきた ようだね
英介君 うちの真一 もしかして 東東京大学に 入れるかしら？
さあ～ それは どうか なぁ～
やめてよ 恥ずかしい じゃん
まぁ 本人も ああ言って ますから…
そう…

(7) IHヒータは誘導加熱を利用している

おばさん これは なんですか?
さあ ＩＨヒータよ と答えて…
ああ これは ね…
あら
何かしら?
ち ちょっと おばさん これは ＩＨヒータ でしょ~
知らないで 使ってたん ですか?
知らなくても 使えるわよ
たしかに…
わかったから お母さんは どっか 行っててよ!
…
ここ わたしの家よ どこへ 行けって いうのよ…

169

(7) IHヒータは誘導加熱を利用している

これはIHヒータといって誘導加熱の原理を応用しているんだよ
誘導加熱?
ジュール熱については、前述していますので思い出してください。

導線上の2点間に発生する熱量Qは、流れる電流I〔A〕の2乗と2点間の抵抗R〔Ω〕と電流の流れた時間T〔s〕との積に比例します。

また、このジュール熱の中には、外部からの磁束変化によって生じる「誘導加熱」というものがあります。

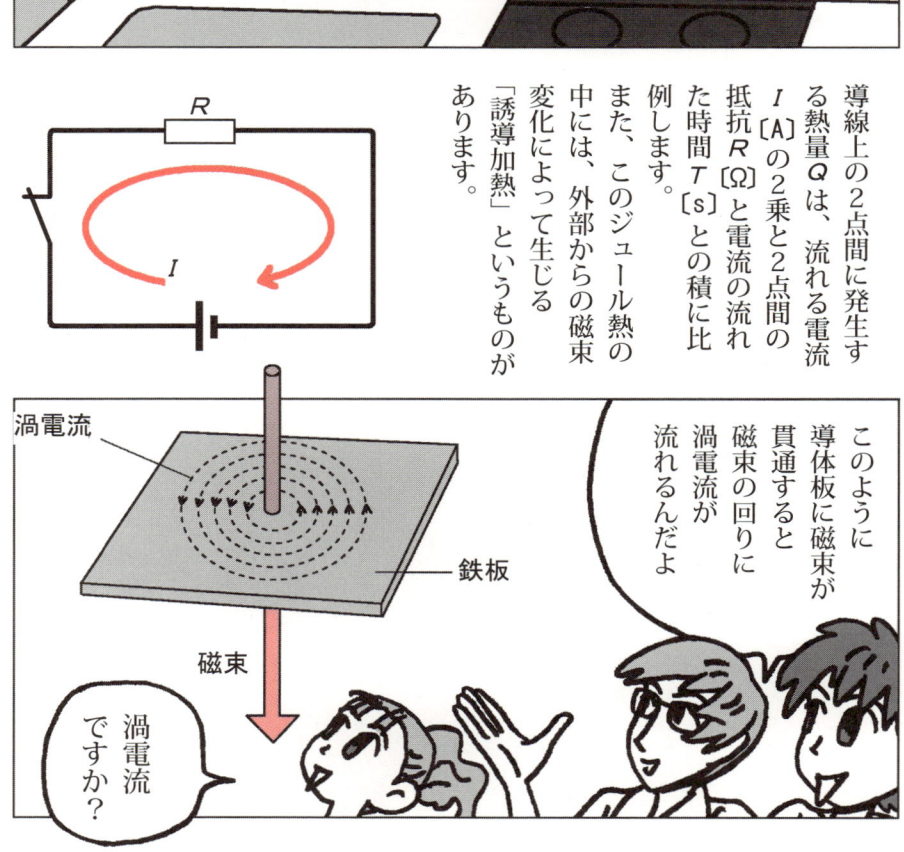

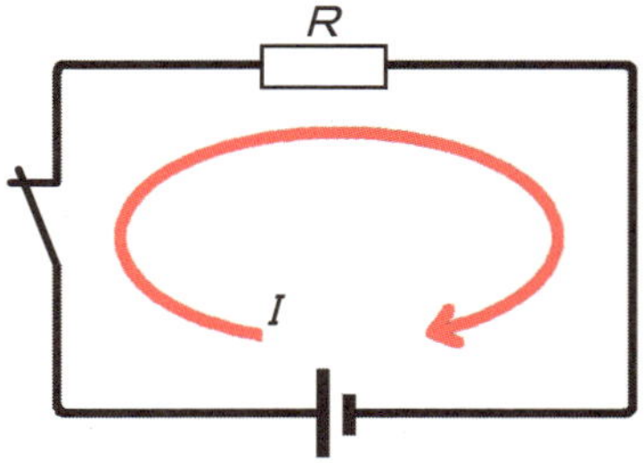
R
I

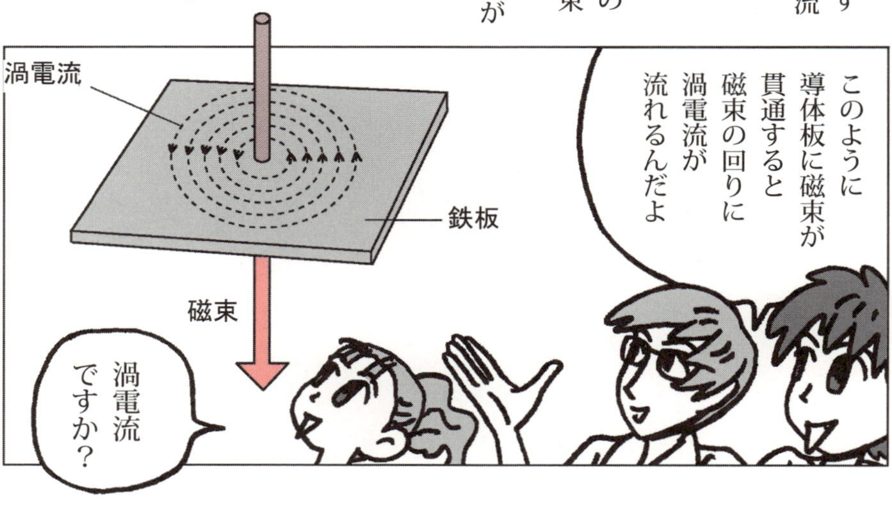
このように導体板に磁束が貫通すると磁束の回りに渦電流が流れるんだよ
渦電流
鉄板
磁束
渦電流ですか?

導体を貫く磁束が変化するときに導体内部の磁束に直角な面に誘導起電力が生じるんだ
そしてこの起電力によって導体内に渦状の電流が流れる
それが渦電流だよ
それで渦電流が流れるとどうなるの？
渦電流が流れるということはそこにジュール熱が発生するということだよ
なるほど
じゃあ前に聞いたジュール熱と同じことだね
うん
つまりこの原理を応用しているのがＩＨヒータというわけなんだ

じゃあ
このＩＨ炊飯器も
同じね
そーか
ＩＨだもんね
うわぁ
おばさん
すごい！
ビックリ

そんなの
誰だって
知ってる
わい
はよ
どっか
行けよ…

チェックポイント

・ＩＨヒータは、電磁誘導加熱の原理を応用しています。
・導体板に磁束が貫通すると、磁束の回りに渦電流が流れます。
・渦電流が流れるとジュール熱が発生します。

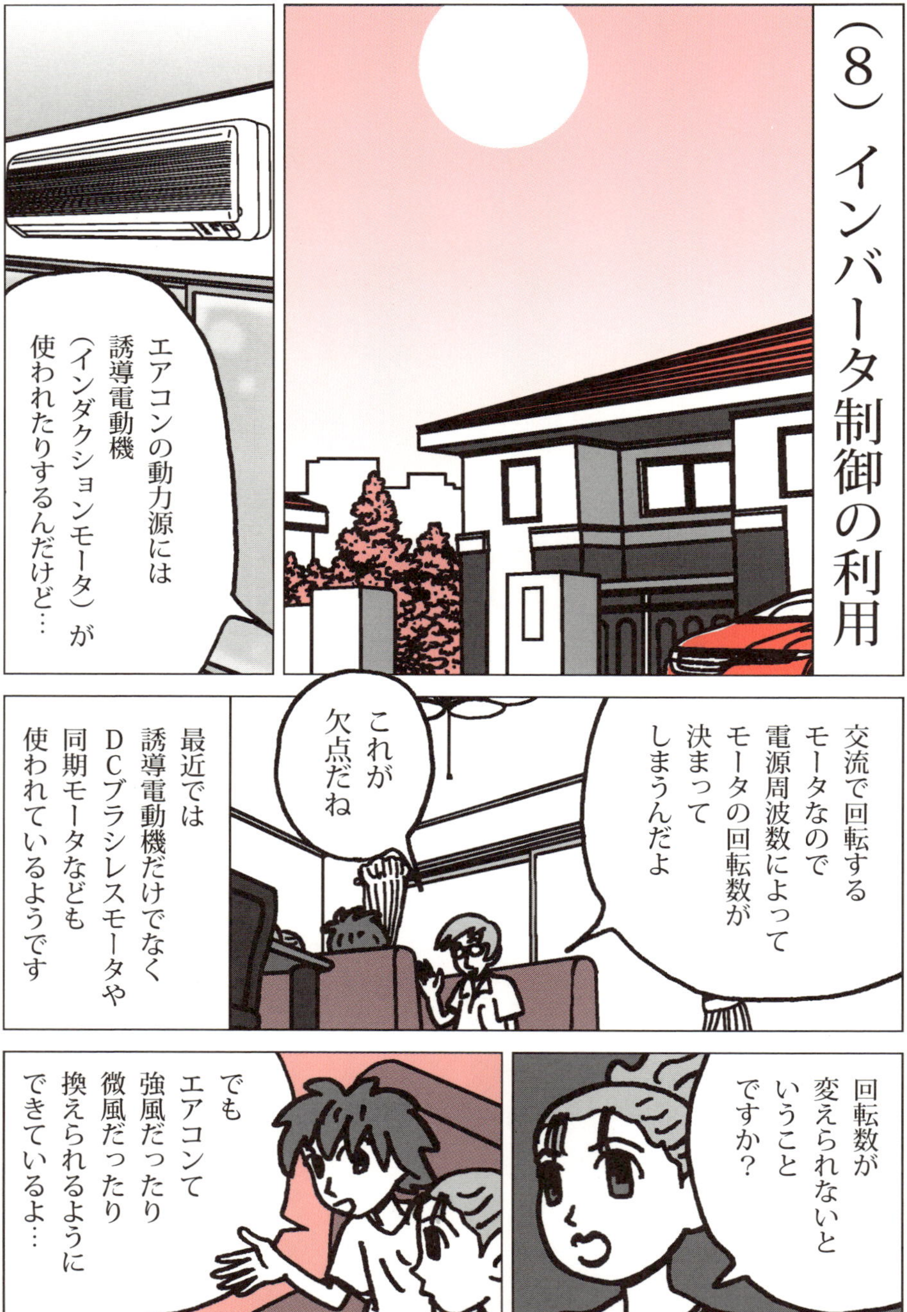
(8) インバータ制御の利用
エアコンの動力源には誘導電動機（インダクションモータ）が使われたりするんだけど…
交流で回転するモータなので電源周波数によってモータの回転数が決まってしまうんだよ
これが欠点だね
最近では誘導電動機だけでなくDCブラシレスモータや同期モータなども使われているようです
回転数が変えられないということですか？
でもエアコンて強風だったり微風だったり換えられるようにできているよ…

▶173◀
(8) インバータ制御の利用

そうだよね
とくに最近のエアコンは高性能だから様々な調整機能が付いているよね
たとえば…
ウイイイー‥‥
こんなのは当たり前だよね
インダクションモータは回転数を変えられないっていったけどどうなっているんですか？
つまり回転数を変化させる方法があるということだよ

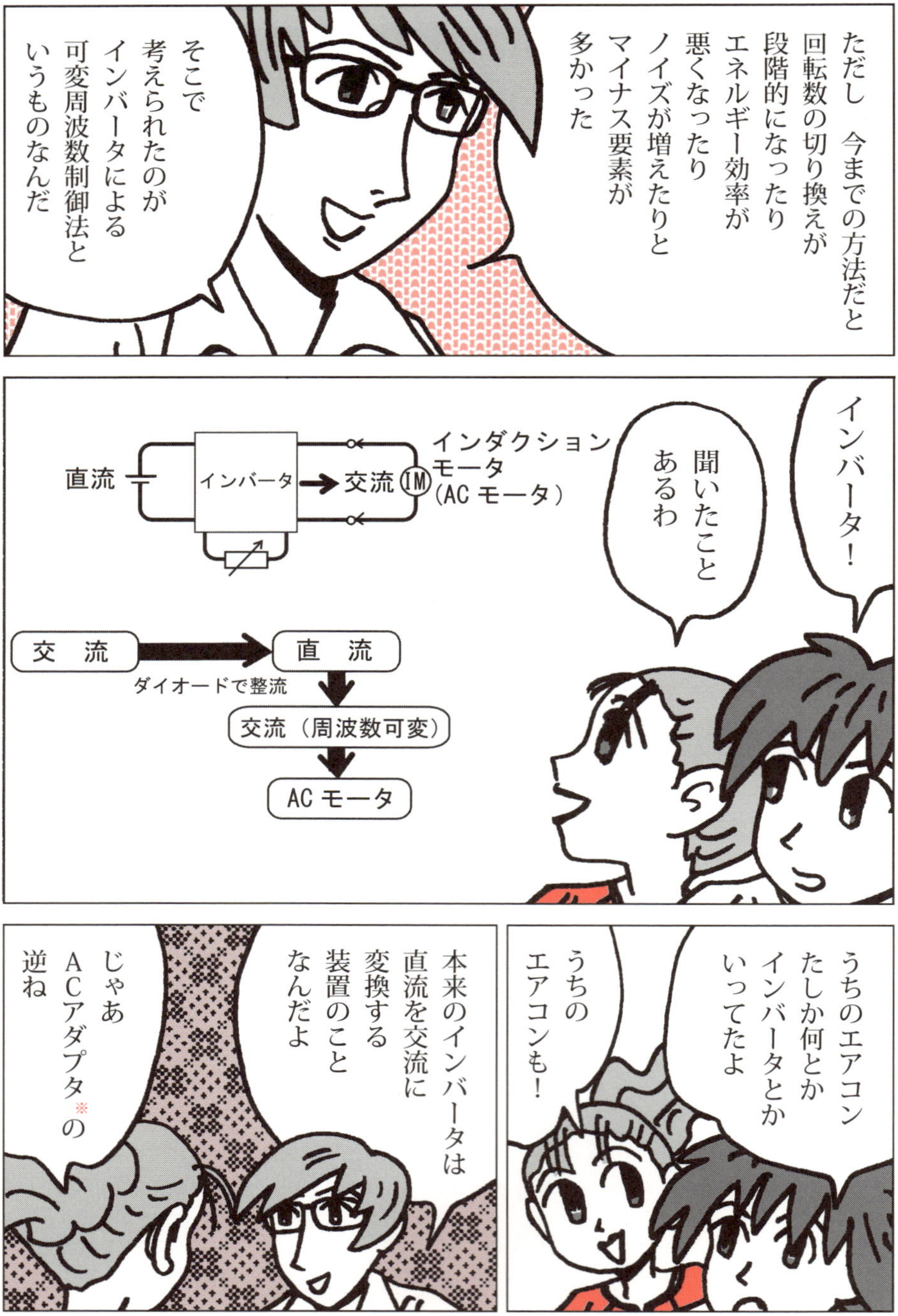
ただし　今までの方法だと
回転数の切り換えが
段階的になったり
エネルギー効率が
悪くなったり
ノイズが増えたりと
マイナス要素が
多かった
そこで
考えられたのが
インバータによる
可変周波数制御法と
いうものなんだ
インバータ！
聞いたこと
あるわ
直流
インバータ
交流
IM
インダクションモータ
（AC モータ）
交　流
直　流
ダイオードで整流
交流（周波数可変）
AC モータ
うちのエアコン
たしか何とか
インバータとか
いってたよ
うちの
エアコンも！
本来のインバータは
直流を交流に
変換する
装置のこと
なんだよ
じゃあ
ACアダプタ※の
逆ね

※正確には AC-DC アダプタといいます．出力も交流の AC-AC アダプタもあります．

そうか！
アダプタは交流を直流に変換する装置だもんね
そうだね
そして通常はこのインバータに可変周波数機能を内蔵して利用するんだよ
おかげでモータに供給される周波数を変えてインダクションモータの回転数を効率良く変えることができるようになったんだ
なるほどね…

P チェックポイント

- インバータによる可変周波数制御法で、インダクションモータの回転数を変えることができます。
- 本来のインバータは、直流を交流に変換する装置です。

(9) ACアダプタ※の構造

涼子ちゃんが さっき ACアダプタって 言ったよね
アダプタの特性は 二人とも 覚えてくれたと 思うけど　じゃあ アダプタの構造は どうなっているかな？
さあ…
たぶん 交流電圧を 下げる トランスは 入っていると 思うわ…
交流を 直流に換える ダイオードも 入っているんじゃ ないかなぁ
あとは…
うん いい線 いってるね
他に 大容量の コンデンサが 必要だね

※厳密にはAC-DCアダプタですが，一般的に用いられている「ACアダプタ」と表記します．

177
（9）ACアダプタの構造

ただし アダプタといっても たくさんあるから すべて同じ構造と いうわけには いかないよ
そうだよね アダプタの 種類って たくさん あるもんね
パソコンに 電話に ファックスに 他にもたくさん あるよね
携帯電話なども モバイルツールの 充電用電源に 使っているわ
どの家庭にも たくさんの アダプタが あるよね
うん あるある

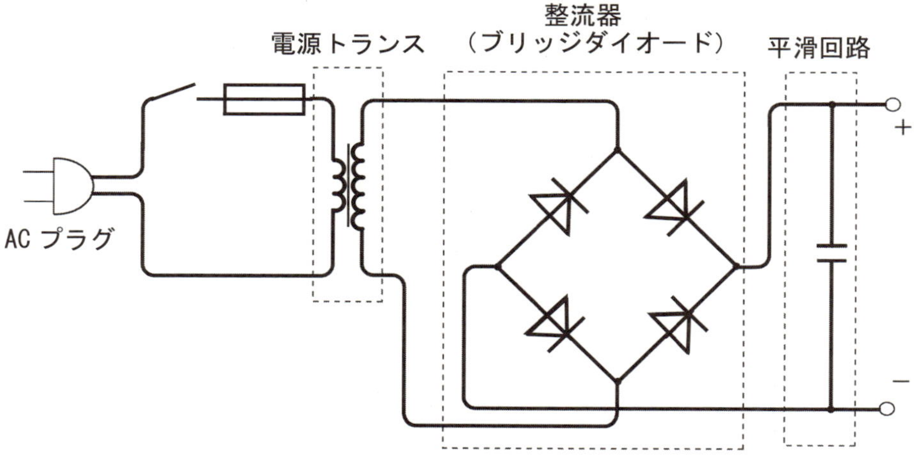
電源トランス
整流器
（ブリッジダイオード）
平滑回路
ACプラグ
+
−

東東京大学工学部校舎
どうだね東大寺君例の高校生たちは？
堂本慎太郎講座
電気工学科教授堂本慎太郎
熱心なんで正直驚いています
はははは なかなか頼もしいじゃないか
堂本慎太郎
その調子でうちの大学に入学してくれるといいねぇ
それはちょっと無理じゃないでしょうか
しかし電気に興味を持ってくれるのは嬉しいねぇ
はい

179
(9) ACアダプタの構造

そのうち その子たちを 連れて きなさい
そうだ 今度の日曜 なんか どうかね
たしか 部活の練習が あるとか 言ってました
何の 部活だね？
ピンポンですよ
二人とも 土支田高校の 卓球部なんです
これは 驚いたなぁ
実はぼくも 高校まで 卓球部 だったん だよ
へ～ そうだったん ですか…

…どうしても真一君たちと卓球がしたいというからたのむよ
いいけど…
先輩ちょっといいですか？
たまにはいいさ
ひさしぶりだな～
英介さんの知り合いらしいけど誰だろ？
だいいち卓球できんの
このおっさん…

Nittaku

ヘイ！カマン！
この人誰？
うちの大学の堂本慎太郎教授だよ
高校まで卓球やってたんだって

え～
じゃあ英介さんの先生！

P チェックポイント

・アダプタには、トランスやダイオード、コンデンサなどが入っています。

第四章　電気の法則

(1)オームの法則
ども
…二人とも東大寺君から熱心に電気回路について学んでいるようだね
ええ
まあ…えへへ
電気回路の基本法則を知っておくと電気がもっと面白くなるよ
電気の基本法則？
どんな法則ですか？

183
（1）オームの法則

オームの法則と いって
これがわかると 電気回路も わかると いうような もんだね
オームの 法則！
今まで ぼくの話の中に 何度も 電圧　電流　抵抗と いうことばが 出てきたよね
はい 何度も でてきました
実は これらの間には ある関係式があって それを 法則化したのが
オームの法則
オームの法則 なんだよ！

へ〜
キラキラ
キラキラ
ほほー
二人とも
いい目を
しとるわい…
うふふ
電流は
電圧に比例し
抵抗に
反比例する
これが
オームの法則
だよ

式で表すと
わかりやすい
かな…

式:

$$I〔\mathrm{A}〕=\frac{E〔\mathrm{V}〕}{R〔\Omega〕}$$

$$R〔\Omega〕=\frac{E〔\mathrm{V}〕}{I〔\mathrm{A}〕}$$

$$E〔\mathrm{V}〕=I〔\mathrm{A}〕\cdot R〔\Omega〕$$

つまりこの関係式から電流や電圧や抵抗の値を求めることができるんだよ

便利ね～
ほんと

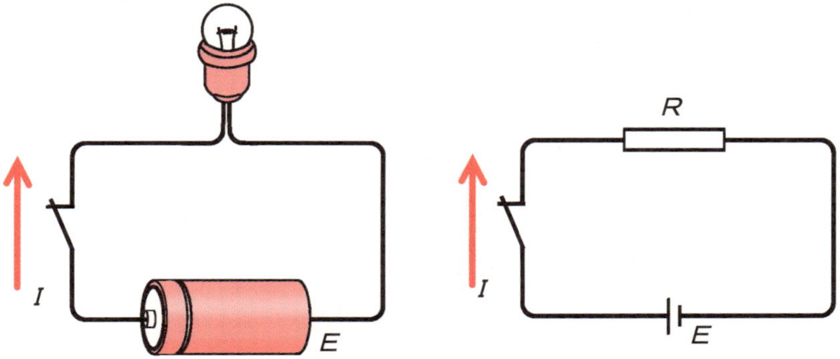
I
E
R
I
E

基本的な直流回路の図

オウムを見た人が考えたんですか？
ははまさか
それに字が違うよ

ばっかじゃないの…
いずれにしても鳥を見て考えたわけじゃないよ

オームの法則は
ドイツの物理学者
オームという人が
発見したんだよ

P チェックポイント

・電流は電圧に比例し、
抵抗に反比例します。
これがオームの法則です。

［例題 1］

ある抵抗に 100〔V〕の電圧を加えたところ
2〔A〕の電流が流れました
では　この抵抗は何オームでしょうか？
みなさんは
できましたか？
答えは 50〔Ω〕です！

(2) キルヒホッフの法則

ちょっと
この回路図を
見てごらん…
あれ
この回路だと
オームの法則は
どう使えば
いいんですか？

187
(2) キルヒホッフの法則

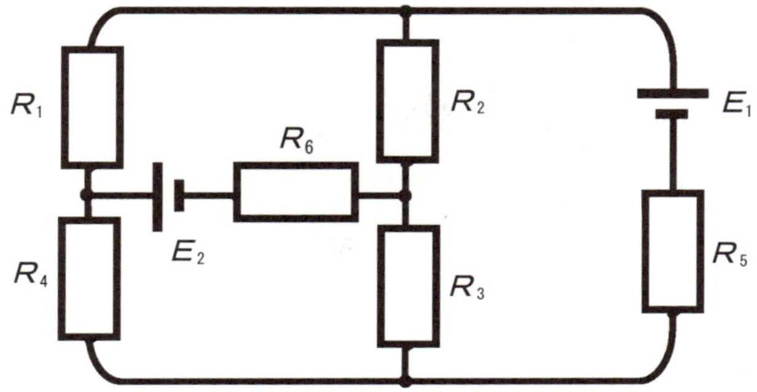
R_1
R_2
E_1
R_6
E_2
R_4
R_3
R_5

電源を2個内蔵したブリッジ回路図

こうした複雑な回路だとオームの法則のように複数の抵抗をまとめて　簡単に計算することはできないよね
どうするんですか?
計算するにはオームの法則をさらに発展させたキルヒホッフの法則を使うんだよ
キルヒホッフの法則!

たとえば この図のように 接続点から 三叉路状態に 接続された抵抗が あるとしよう
R_1
R_2
a
I_1
I_2
R_3
I_3
$I_1+I_2=I_3$
電気回路 どの点においても その点に流れ込む 電流と　その点から 流れ出る電流の 総和が0になる
これが キルヒホッフの 第一法則だよ
う〜〜ん
まぁ すぐには 理解できん か…

このとき a点の電流は このようになるということだよ
$I_1+I_2-I_3=0$
ここんところを よく見てね！
つまり　こういうことが 言えるわけだ…
$I_1+I_2=I_3$
このような状態で 抵抗が5個 接続されていても 考え方は同じだよ
へ～ おもしろい～
I_1 I_2 I_3 I_4 I_5
R_1 R_2 R_3 R_4 R_5
$I_1+I_2+I_3=I_4+I_5$
$I_1+I_2+I_3-I_4-I_5=0$
$I_1+I_2+I_3=I_4+I_5$

堂本先生
キルヒホッフの第一法則があるということは第二法則もあるんですよね
うん　これがキルヒホッフの第二法則だよ
回路網中の任意の閉回路を一定の向きにたどるとき、その閉回路の起電力の和は、抵抗による電圧降下の和に等しい。

電圧降下というのはこういうことだよ…

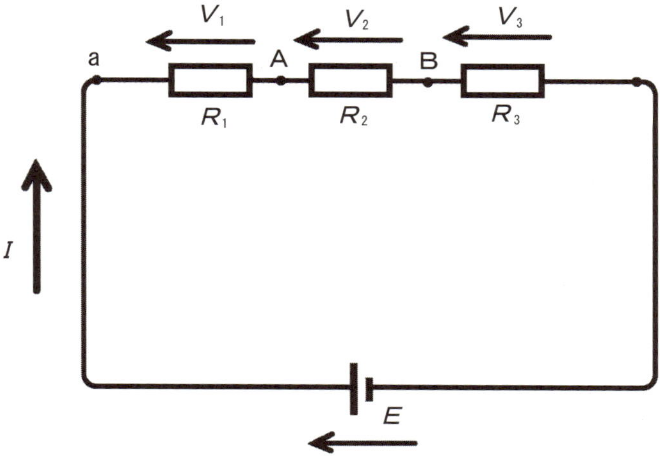
V_1
V_2
V_3
a
A
B
R_1
R_2
R_3
I
E

▸191◂
（2）キルヒホッフの法則

抵抗R_1、R_2、R_3 には、同じ大きさの電流 I が流れ、それぞれの抵抗の両端に生じる電圧は次のようになります。

$V_1 = R_1 I$
$V_2 = R_2 I$
$V_3 = R_3 I$

この場合、端子 b を基準としたとき、B 点の電位が V_3〔V〕となります。
同じように、抵抗 R_2 の両端には V_2 の電位差が生じるので、A 点の電位とB 点の電位との差が V_2〔V〕となります。電気回路では電源のマイナス側を基準とするので、A 点の電位は、$V_2 + V_3$〔V〕となります。端子 a の電位も同様に考えて、$V_1 + V_2 + V_3$〔V〕となります。
つまり、電源の起電力とそれぞれの抵抗で生じる電圧には、以下の関係式が成り立ちます。

$$E = V_1 + V_2 + V_3$$

このことから、電流 I が矢印の方向に流れているときに、それぞれの抵抗に生じる電圧分だけ電位が低下していることがわかります。
こうした、抵抗による電位の低下を“電圧降下”と呼びます。

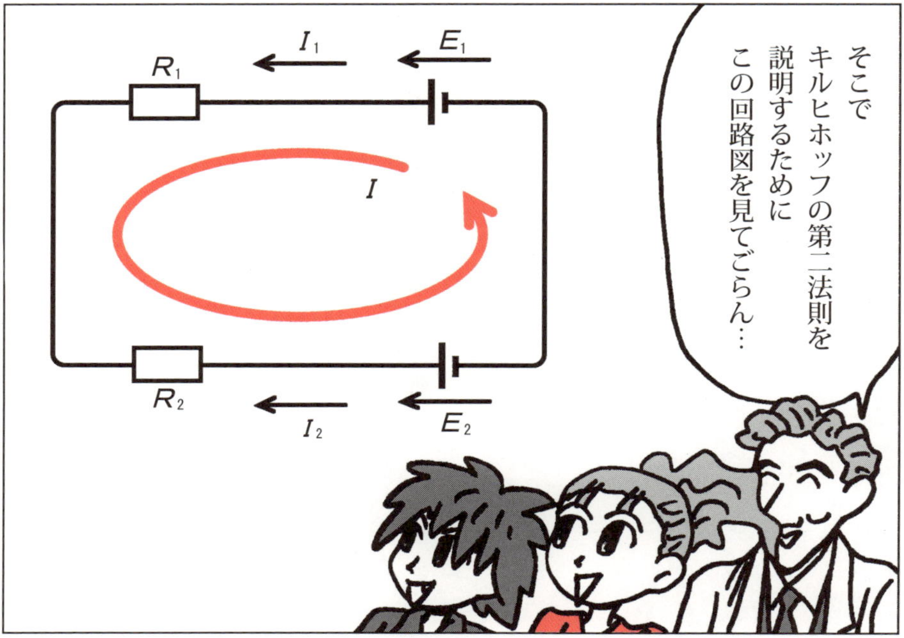

I1
E1
R1
I
R2
I2
E2
そこで キルヒホッフの第二法則を 説明するために この回路図を見てごらん…

電流の向きは式を立てるときに自由に仮定してかまわないよ
I_1
E_1
R_1
I
R_2
I_2
E_2
このとき　閉回路を矢印のように電流が流れると仮定したら起電力の和はどうなるかな？
I_1は同じ方向だけどI_2は逆向きですよね…
てことはたぶんこうかしら…
E_1-E_2
パチパチパチ
パチパチ
え　正解ですか？
パチ
コクリ

このときの電圧降下の和はこうなるよ…
$R_1I_1-R_2I_2$
へ〜
…？
いいかい抵抗R_1では電流I_1が左向きに流れると仮定しているんだよね
だから電圧降下は左向きに発生するんだよ
このキルヒホッフの第二法則では抵抗R_1に対しては左向きに閉回路をたどるからその向きの電圧降下は正の値になるんだよ
抵抗R_2でも電流I_2は左向きに流れると仮定しているから電圧降下は左向きに発生するんだよ
だけど　抵抗R_2に対してはキルヒホッフの第二法則を用いるときに右向きに閉回路をたどるからその向きの電圧降下は負の値になるよね
ふ〜ん

だから さっき先生が 書いたような 式が 成り立つん だよ
$E_1-E_2=R_1I_1-R_2I_2$
したがって キルヒホッフの 第二法則から このような関係式が 導き出されるよね
なるほど わたしは わかるわ
真一君は？
な　なんとなく わかるけど…
あのぉ 質問なんですが 初め電流の流れる方向を 左向きに仮定したでしょ
もしも 逆向きに 仮定していたら どうなるんですか？
良い質問だね
逆向きなら 正が負に 負が正になる だけだよ
だから この関係式は こうなるよね
$E_2-E_1=R_2I_2-R_1I_1$
あら…

195
(2) キルヒホッフの法則

この式って さっきの式と 同じですよね
$E_2-E_1=R_2I_2-R_1I_1$
そうか
さっきの式の両辺に マイナス1を掛けただけで 同じ式なんだ

わかったぞ!
ふ〜ん オームの法則で 解けない回路は キルヒホッフの法則を 使えば解けるのね
どうやら 二人とも わかってくれた ようだね
はい…

P チェックポイント

- オームの法則で計算できない複雑な回路には、キルヒホッフの法則を適用させせます。
- キルヒホッフの法則には、第一法則と第二法則があります。
- キルヒホッフの第二法則では、電流の向きを自由に設定します。

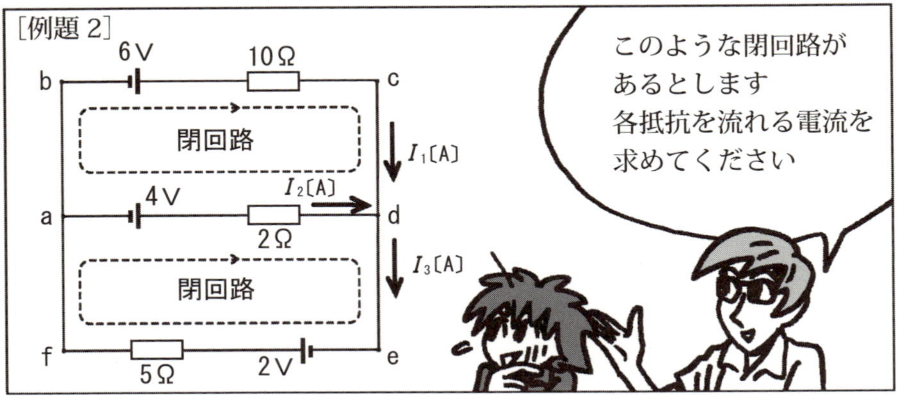
[例題2]
6V
10Ω
b
c
閉回路
I_1〔A〕
a
4V
I_2〔A〕
d
2Ω
I_3〔A〕
閉回路
f
5Ω
2V
e
このような閉回路が
あるとします
各抵抗を流れる電流を
求めてください

（ヒント）
E_1＝6V、E_2＝ 4 V、E_3＝ 2 V、
R_1＝10Ω、R_2＝ 2 Ω、
R_3＝ 5 Ωです。

答えはこのように
なります…

（答え：）
まず、各抵抗に流れる電流を矢印（→）の向きと仮定します。
そして、点 d にキルヒホッフの第一法則を適用させると、
以下のようになります。

$$I_1+I_2=I_3 \cdots\cdots ①$$

さらに、閉回路（⇢）にキルヒホッフの第二法則を適用させると、
このようになります。

$$\begin{cases} 10I_1-2I_2=6-4=2 \cdots\cdots ② \\ 2I_2+5I_3=4+2=6 \cdots\cdots ③ \end{cases}$$

③式のI_3に①式を代入すると、

$$\begin{cases} 10I_1-2I_2=2 \\ 2I_2+5(I_1+I_2)=6 \end{cases}$$

$$\begin{cases} 10I_1-2I_2=2 \\ 5I_1+7I_2=6 \end{cases}$$

この連立方程式を解くと、

I_1＝0.325〔A〕
I_2＝0.625〔A〕
I_3＝0.950〔A〕

この場合、電流 I_1、I_2、I_3 はすべて正の値となり、
初めに仮定した電流の向きと一致しています。

みなさん
できましたか？

（3）フレミングの右手の法則と左手の法則

…ファラデーが発見した電磁誘導については東大寺君から教わっているようだね
それの発展形としてフレミングの右手の法則とフレミングの左手の法則があるんだよ
せ 先生 フレディって悪夢に出てくる怖～い爪の男のことですか？
ま まさか 違いますよね？
フレディって何のこと？
ち 違うんですよ 先生
真一君たち勘違いしているみたいです
勘違い…

真一君
フレディはホラー映画に出てくる刃物のような爪を持っている男でしょ
こっちのフレミングはイギリスの電気学者でこの有名な法則を見つけた人だよ
まちがえんでよ～
フレミング
別人
別人
で　ですよね
でも名前が似てるし
右手とか左手なんて
言うもんだから
つい…
あはは
前にちょっとだけフレミングの法則について話さなかったっけ？
さあ～覚えてないな～
そうだっけ…
たしか話したと思ったけどなぁ…
じゃあ誤解も解けたようだから話を進めるね
お願いしまーす！

二人とも
右手の指を
このように
開いてごらん
こうですか…
あれ
この指の
形…
たしか
英介さんが
話してくれた
ことが…
でしょう！
やっぱし！

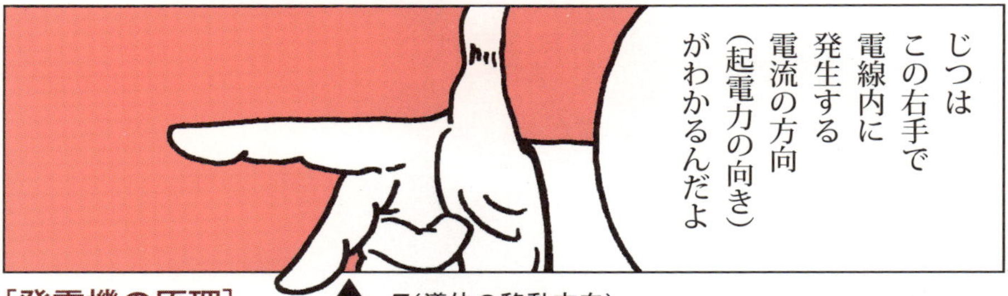
じつは
この右手で
電線内に
発生する
電流の方向
（起電力の向き）
がわかるんだよ

[発電機の原理]

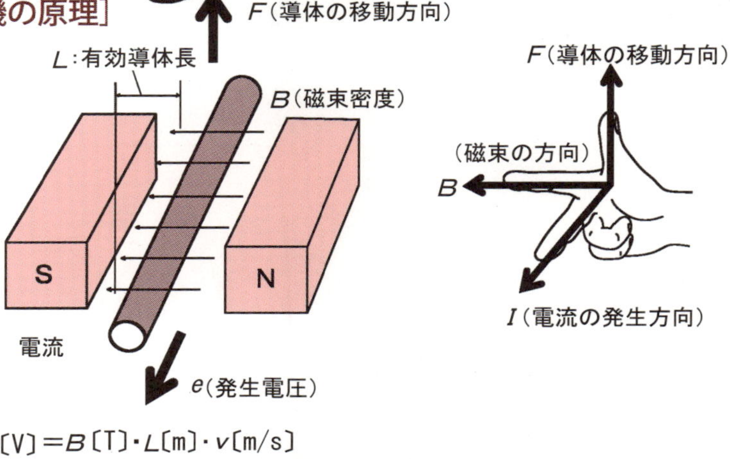
F（導体の移動方向）
L：有効導体長
B（磁束密度）
S
N
電流
e（発生電圧）
F（導体の移動方向）
（磁束の方向）
B
I（電流の発生方向）

e〔V〕＝B〔T〕・L〔m〕・v〔m/s〕

e：発生電圧　v：導体の移動速度　B：磁束密度

L：有効導体長

へ～　右手で
これだけのことが
分かるんですね
便利～
じゃあ
左手では
何が
分かるん
ですか？
今度は　左手を
このように開いて
下の図を見てごらん…

[モータの原理]

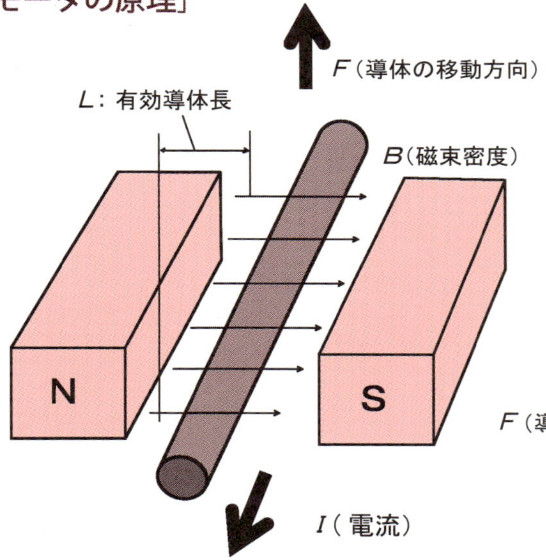
F（導体の移動方向）
L：有効導体長
B（磁束密度）
N
S
I（電流）

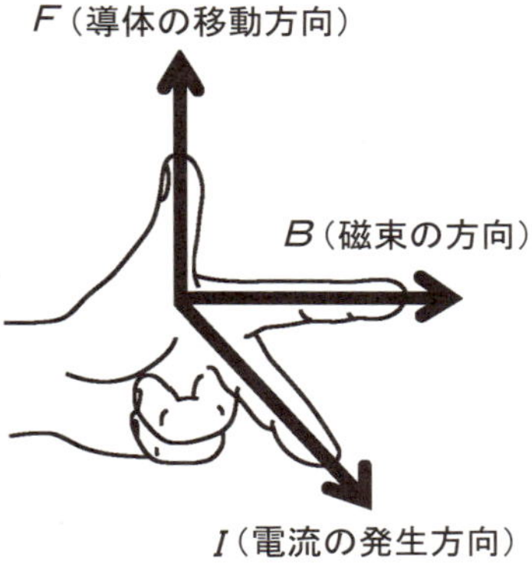
F（導体の移動方向）
B（磁束の方向）
I（電流の発生方向）

F〔N〕＝B〔T〕・I〔A〕・L〔m〕

F：推力（力）　I：電流　B：磁束密度　L：有効導体長

201
(3) フレミングの右手の法則と左手の法則

左手の法則は 右手の法則と まったく 反対の関係に あるんだよ
電線に電流を流すと 電線に推力 つまりトルクが発生して これがモータの 運動エネルギーに なるんだよ
でも どうして 右手の法則と 左手の法則が あるんですか?
じつは 発電機もモータも 元は同じものなんだよ
ただ単に 使い方に よって 発電機に なったり モータに なったり するんだよ
そう だからね フレミングの 右手の法則と 左手の法則は 一体と思っても いいんだよ
ただ あるときは 発電機として 電圧を発生し あるときは モータとして 機械的な 働きをする

その時々の使われ方によって右手の法則を使ったり左手の法則を使ったりするんだよ
そうなんですか
電気っておもしろいなぁ
ところで足を使う法則とかもあるんですか？
足！
ほぉ〜そりゃあおもしろいねぼくが考えてノーベル賞でももらっちゃおうか
足ねぇ〜
せんせい〜

わははは
じょ〜だん
じょ〜だん
もぉ〜

P チェックポイント

・フレミングの右手の法則は発電機に、左手の法則はモータに適用させます。

(4) ジュールの法則
ジュール熱についても東大寺君から教えてもらったようだね
はい
導線に電流を流すと熱が発生するんですよね
よく覚えたね
はい！
イギリスの科学者ジュールは次のような法則を発見したんだよ
導体に発生する熱量は、導体を流れる電流の2乗と導体の抵抗値との積に比例します。

これを
ジュールの法則と
いうんだよ
そして
このときに発生する
熱エネルギーが
ジュール熱と
いうわけなんだ
先生
電気コタツなどの熱は
コイル状の抵抗体に
電流を流すことで
発生する
ジュール熱を
利用していると
教えられたん
ですけど…
そのとおり
だよ！
じゃあ　電流を流して
ジュール熱が発生するなら
一般の電線にも　同様に
ジュール熱が発生すると
いうことですか？
そうだよ
……

205
（4）ジュールの法則

ということは
もしかして
ぼくたちの家の
天井裏にある
電線にも
熱が発生すると
いうことでしょ
危険じゃ
ないですか？
そうよね
電線を包んでいる
ビニールが
溶けたり…
コード
場合によっては
火災が
起きることも
あるんじゃ
ないですか？
だよね…
堂本先生
どうなん
ですか？
先生！
……

東大寺君
この生徒さんたち君が言うほど頭が悪くはないようだよ
ちょっと英介さん!
いいやその…
東大に入る生徒と比較してという意味だからね
わははは
もぉ〜〜
誤解しないで…
ど堂本教授〜
わはははは…
二人ともよく理解しているねたしかに君たちの言うようにジュール熱が危険を招く可能性はあるよ
ただし電流容量の小さい電線に大きな電流を流した場合だがね

▸207◂
（4）ジュールの法則

つまり決められた太さの電線であれば問題はないということだよ
ほっ
よかったぁ～

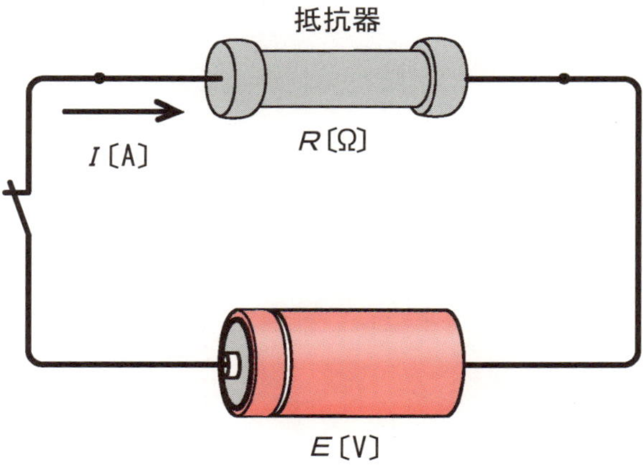

抵抗器
R〔Ω〕
I〔A〕
E〔V〕

この回路に電流が流れると、抵抗器には熱量Q〔J〕が発生します。これをジュールの法則といいます。

$$Q = IEt = I^2Rt = \frac{E^2}{R}t$$

Pチェックポイント

・導体に発生する熱量は、導体を流れる電流の２乗と導体の抵抗値との積に比例します。これがジュールの法則です。

第五章　便利な定理

(1) 直流回路における分流の法則と分圧の法則

どうだね 東大寺君 卓球も いいもん だろう？
はい 楽しいスポーツ ですね だけど…
あの二人に コテンパンに やられたのが く 悔しい です～

209

(1) 直流回路における分流の法則と分圧の法則

英介さん 電気回路を 教えていただいている お礼に 今度 卓球を教えて あげましょうか
うふふ
じゃあ 頼むよ～
…交流回路は 電流や電圧が 時間によって 変化するよね
ところが 直流回路は 電流や電圧が 時間によって 変化しない 回路だね
ところで 直流回路に用いられる 回路素子は 抵抗だけなんだが どうしてだと思う?

直流回路にはコイルやコンデンサは使わないんですか…
え～どうしてですか？
それは過渡現象によって過渡状態にある過渡期間中に電流や電圧が変化するのを避けるためだよ
過渡現象…？
直流回路にコイルなどを組み込むと電流が安定した状態（定常状態）になるまでに時間がかかる
この安定したときの数値を定常値というんだが定常値になるまでの変化している状態を過渡現象というんだよ
つまり不安定な素子は使わないということだよ

ふ～ん
過渡現象は、コイルやコンデンサのようにエネルギーを蓄える素子を使うことで起こる現象です。こうした素子がエネルギーを蓄えるときと、さらにエネルギーを放出するときに起こります。
じゃあ 直流回路における電流と電圧の求め方を教えてあげよう
せ 先生 直流回路を解くのに今まで オームの法則やキルヒホッフの法則を教えていただきましたけど
それだけでは不十分なんですか？
いや それだけ知っていれば十分だよ
…？
じゃあ どうして今さらというか…？

簡単な回路だとわざわざオームの法則やキルヒホッフの法則を使わなくても電流や電圧を求めることができるんだよ
先生はその簡単な方法を君たちに教えてあげようというわけなんだ
え～そんな簡単な方法があるんですか？
それなら初めに教えてくれたらよかったのにぃ～
たしかにそうかもしれんがオームの法則もキルヒホッフの法則も電気回路の基本なんでね知識として覚えておかなければならない法則なんだよ
ははは
それでどんな方法なんですかその簡単な方法って？
分流の法則・分圧の法則というんだよ
じゃあ　まず分流の法則から説明しよう

▸213◂
(1) 直流回路における分流の法則と分圧の法則

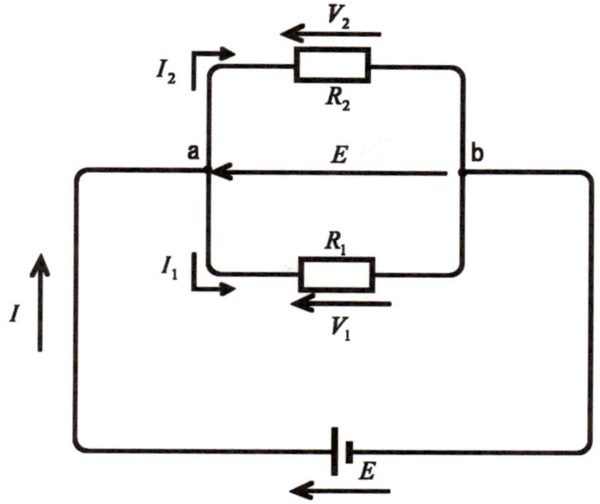

V2
I2
R2
a
E
b
R1
I1
I
V1
E

この並列回路では点ａと電源のプラス側には抵抗などの負荷が接続されていないよね
ということは電源から点ａに電流が流れてもその間には電圧降下がないしもちろんその間に電源も接続されていないために起電力も生じない
したがって 点ａと電源のプラス側との間において電位の変化はありえない
なるほど
直流回路で負荷が接続されていない箇所ではそうなりますね

てことは点bと　電源のマイナス側についても同じことが言えるよね
b
a
ここでも電位の変化はないよね…
そういうこと!
でも点aと点bとの間には二つの抵抗が並列に接続されているわ…
電源のマイナス側が基準の電位であるとしよう
基準の電位って?
0〔V〕ということだよ

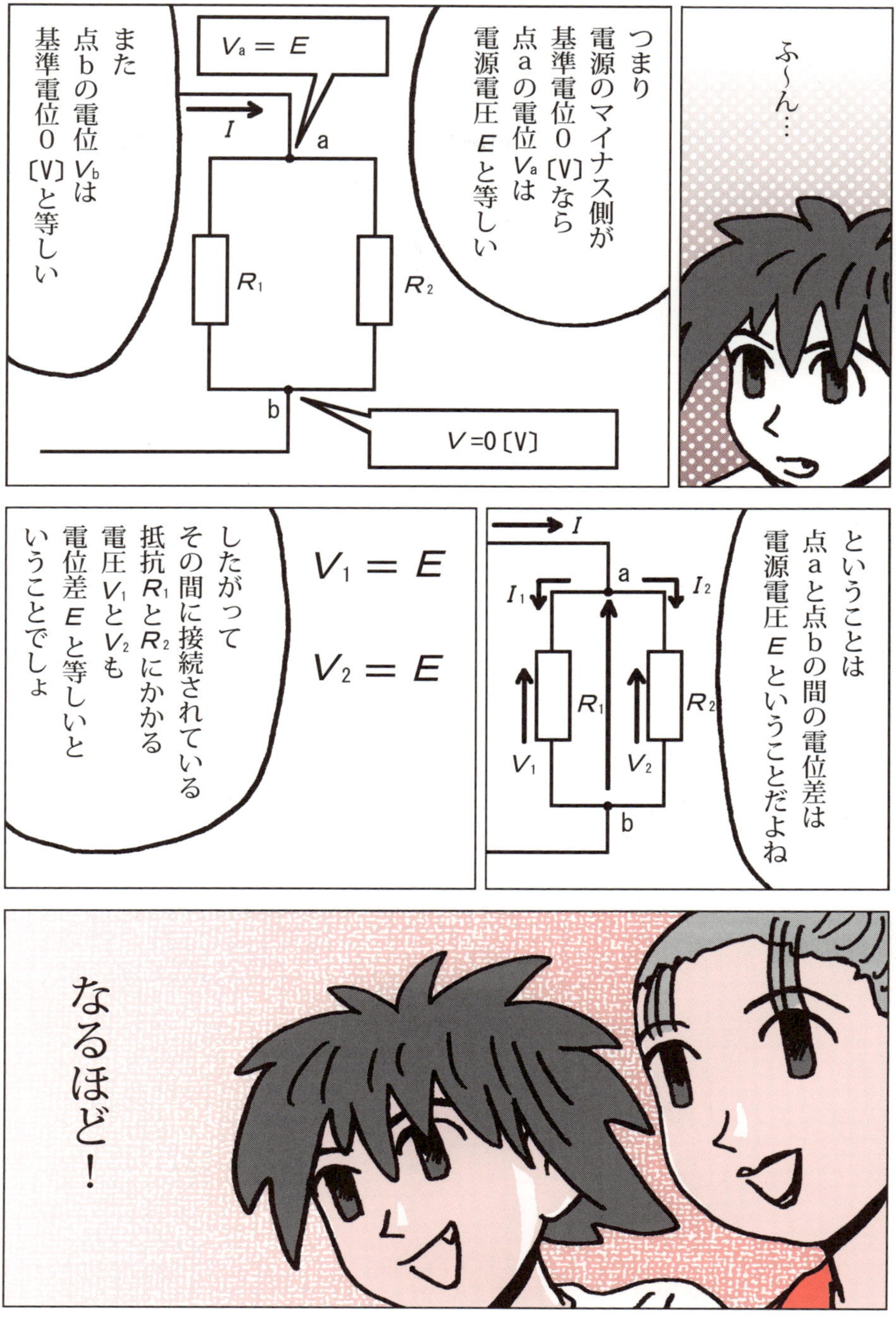
ふ〜ん…
つまり電源のマイナス側が基準電位0〔V〕なら点aの電位V_aは電源電圧Eと等しい
$V_a = E$
I
a
R_1
R_2
b
V =0〔V〕
また点bの電位V_bは基準電位0〔V〕と等しい
ということは点aと点bの間の電位差は電源電圧Eということだよね
I
a
I_1
I_2
R_1
R_2
V_1
V_2
b
$V_1 = E$
$V_2 = E$
したがってその間に接続されている抵抗R_1とR_2にかかる電圧V_1とV_2も電位差Eと等しいということでしょ
なるほど!

ということは
こういうこと
だよね…
$V_1 = V_2 = V_a - V_b = E$
V_1とV_2とEが同じ数値で
この直流回路で
並列に接続された抵抗には
電源電圧と同じ大きさの電圧が
かかっている　ということね…

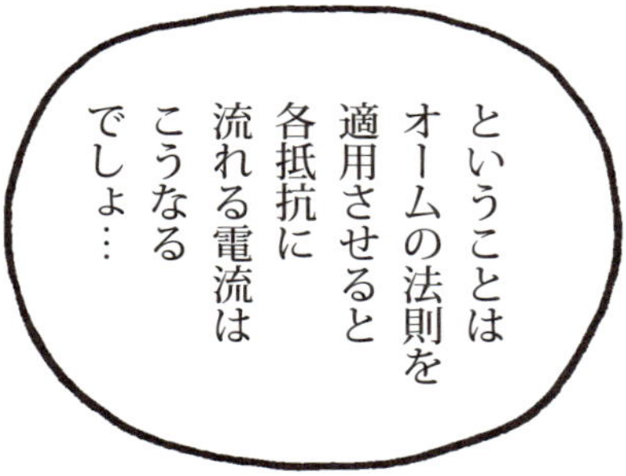
ということは
オームの法則を
適用させると
各抵抗に
流れる電流は
こうなる
でしょ…

$$I_1 = \frac{V_1}{R_1} = \frac{E}{R_1}$$

$$I_2 = \frac{V_1}{R_1} = \frac{E}{R_2}$$

ところで
点aにおいて
キルヒホッフの
第一法則を
適用させると
こうなる
でしょ…
$I = I_1 + I_2$

うん…
ここまでは
わかるぞ…!

この式に、オームの法則を適用させた式を代入して、

$$I=\frac{E}{R_1}+\frac{E}{R_2}=\left(\frac{1}{R_1}+\frac{1}{R_2}\right)E$$

$$E=\frac{1}{\dfrac{1}{R_1}+\dfrac{1}{R_2}}I=\frac{R_1R_2}{R_1+R_2}I$$

ところで、

$$I_1=\frac{V_1}{R_1}=\frac{E}{R_1}$$

$$I_2=\frac{V_1}{R_1}=\frac{E}{R_2}$$

であるから、

$$I_1=\frac{1}{R_1}\bullet\frac{R_1R_2}{R_1+R_2}I=\frac{R_2}{R+R_{21}}I$$

$$I_2=\frac{1}{R_2}\bullet\frac{R_1R_2}{R_1+R_2}I=\frac{R_1}{R_1+R_2}I$$

ということは、

$$I_1=\frac{\dfrac{1}{R_1}}{\dfrac{1}{R_1}+\dfrac{1}{R_2}}I$$

$$I_2=\frac{\dfrac{1}{R_2}}{\dfrac{1}{R_1}+\dfrac{1}{R_2}}I$$

そして…

この式を見てなにか気付くことはないかな？
え～
はて…
…？

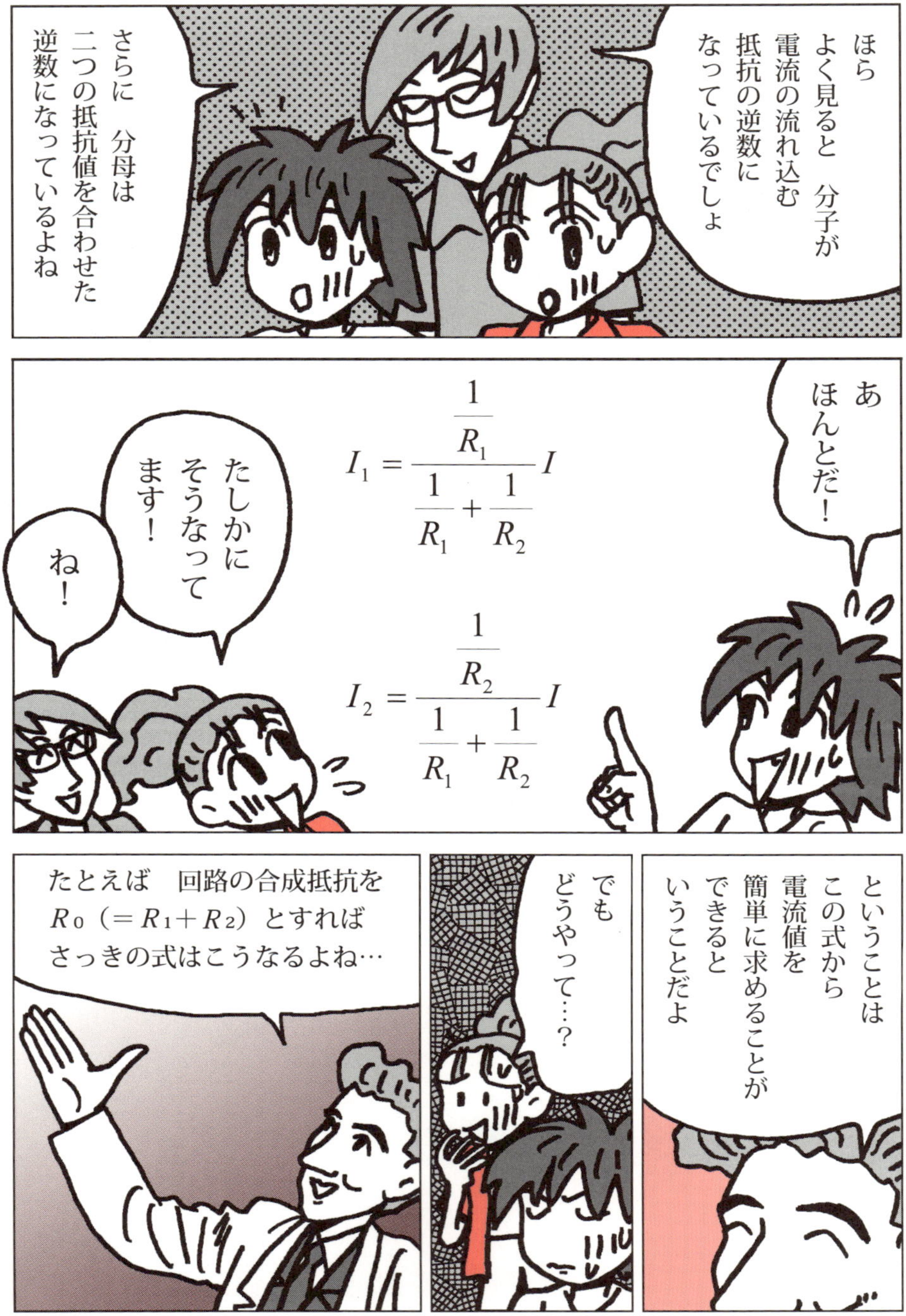
ほら よく見ると　分子が 電流の流れ込む 抵抗の逆数に なっているでしょ
さらに　分母は 二つの抵抗値を合わせた 逆数になっているよね
あ ほんとだ！
$I_1 = \dfrac{\dfrac{1}{R_1}}{\dfrac{1}{R_1} + \dfrac{1}{R_2}} I$
$I_2 = \dfrac{\dfrac{1}{R_2}}{\dfrac{1}{R_1} + \dfrac{1}{R_2}} I$
たしかに そうなって ます！
ね！
ということは この式から 電流値を 簡単に求めることが できると いうことだよ
でも どうやって…？
たとえば　回路の合成抵抗を R_0（＝R_1＋R_2）とすれば さっきの式はこうなるよね…

さあ これが 分流の法則 だよ！
へー
$I_1 = \frac{\frac{1}{R_1}}{\frac{1}{R_0}} I$
$I_2 = \frac{\frac{1}{R_2}}{\frac{1}{R_0}} I$
この式は ものすごく 便利で
たとえば どんなに 並列接続されている 抵抗の数が増えても それぞれの抵抗に 流れる電流は 簡単に求めることが できるんだよ
このように *n* 個の抵抗が 並列接続されていて その *n* 個のうちの ある抵抗 R_m に流れ込む 電流の大きさを求めるには この式の数値を 入れるだけで簡単に 求められるんだよ
I E
I_1 I_2 I_3 I_m I_n
R_1 R_2 R_3 R_m R_n
n 個の抵抗が並列に接続された直流回路
す すごい～

次は
分圧の法則だね
つまり
直流回路における
電圧の大きさを
簡単に求める
方法ですね

$$I_m = \frac{\dfrac{1}{R_m}}{\dfrac{1}{R_0}} I$$

ただし、

$$\frac{1}{R_0} = \frac{1}{R_1} + \frac{1}{R_2} + \cdots + \frac{1}{R_m} + \cdots + \frac{1}{R_n}$$

このような
直列回路においては
たとえ抵抗が
何個接続されても
回路のどの部分にも
同じ大きさの電流が
流れるよ
分かるかな?
はい
わかります
V_1
V_2
a
R_1
R_2
I
E

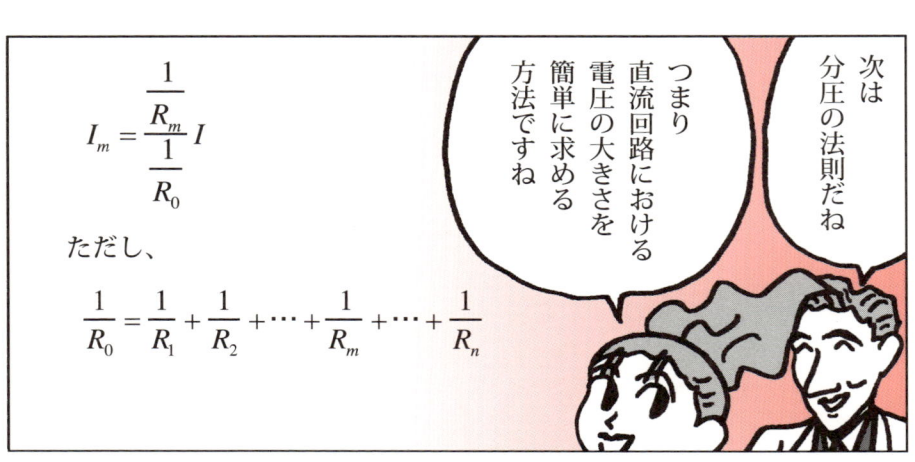

221

（1）直流回路における分流の法則と分圧の法則

うん この場合も分流の法則の説明で扱った回路図と同じく点aと電源のプラス側の間では電位の変化はない
つまり点bと電源のマイナス側も同じように等しい電位となっているわけだね
わかります
ということは、電源のマイナス側を電位の基準0〔V〕とすると点aと点bとの間の電位差たとえば $V_a - V_b$ はどのような値になると思うかね？
え〜と…
電源電圧 E と同じ大きさの値になると思います
そうだね
いいよ 真一君
つまり、 $V_b = 0$ ということなので、点aの電位 V_a が電源電圧 E と同じということです。

$V_a - V_b = E = V_1 + V_2$
そして　点aと点bの間に接続されている抵抗R_1とR_2によって生じる電圧降下もその電位差と等しくなるよ
つまりこういうことだね…

あら　これってキルヒホッフの第二法則と同じみたい…
そういわれてみれば…
ニコ
ニコ

さあ!
分流の法則で行ったようにオームの法則を適用させてみるよ…

$$V_1 = R_1 I$$
$$V_2 = R_2 I$$

ということは、

$$E = V_1 + V_2 = R_1 I + R_2 I = (R_1 + R_2) I$$

$$I = \frac{E}{R_1 + R_2}$$

したがって、

$$V_1 = R_1 I = R_1 \left(\frac{E}{R_1 + R_2} \right) = \frac{R_1}{R_1 + R_2} E$$

$$V_2 = R_2 I = R_2 \left(\frac{E}{R_1 + R_2} \right) = \frac{R_2}{R_1 + R_2} E$$

この式を見て どう思うかな?
今度は 分子に おそらくその電圧にかかると思われる 抵抗の値があります
$R_1 + R_2$
合成抵抗
そして 分母には 回路全体の合成抵抗 つまり R_1とR_2を合計した値が ありますよね
そうだね このように 直流回路の直列接続の 場合には すべての抵抗を 合算した数値が そのまま合成抵抗に なるわけだね
はい!
したがって 合成抵抗R_0は 次の式で 求めることが できるね
これが 分圧の法則だよ!
$V_1 = \frac{R_1}{R_0} E$
$V_2 = \frac{R_2}{R_0} E$

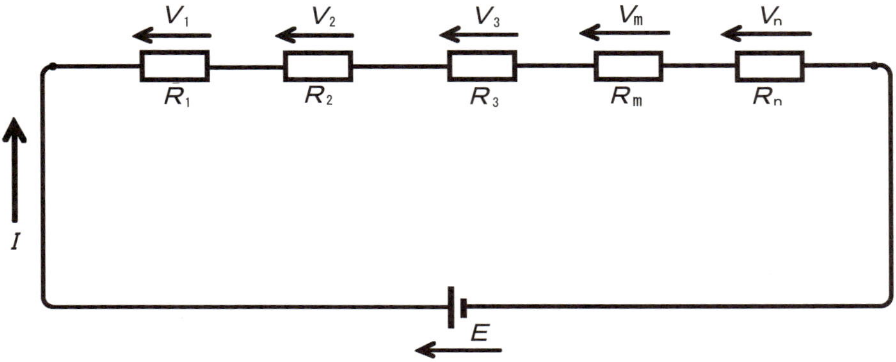
V_1
V_2
V_3
V_m
V_n
R_1
R_2
R_3
R_m
R_n
I
E

n 個の抵抗が直列に接続された直流回路

並列接続と同じように
n 個の抵抗が
直列接続されていて
その *n* 個のうちの
ある抵抗 R_m で生じる
電圧の大きさを求めるには
ある式を使うと
簡単に求められるよ

ど
どんな式
ですか？
早く
教えて
ください！

この式だよ！
$V_m = \dfrac{R_m}{R_0} E$
ただし、
$R_0 = R_1 + R_2 + \cdots + R_m + \cdots + R_n$

うわー便利な方法教えてもらったぞ！
超ラッキィ！

P チェックポイント

・直列回路に分流の法則と分圧の法則を適用させることで、オームの法則やキルヒホッフの法則を使わなくても簡単に電圧や電流を求めることができます。

(2) 鳳・テブナンの定理

a
b
Z
何ですか この回路図は？
黒くなってて まるで ブラックボックス みたい…
まさしく ブラックボックスだよ
わぁ 正解だったのね
この図を見ると 端子a-b間に インピーダンス Ż が 接続されているよね
インピー ダンス！
以前 英介さんに 抵抗やコイルについて 教わったときに インピーダンスに ついても 教えていただいたわね

うん
やった
やった!
ふたりとも
よく覚えて
いたね!
おもしろい
ネーミング
だったので!
ほー
感心
感心!
よく見て
ごらん
a
Z
b
回路から出ている端子間の開放電圧V_0と
回路内の電源を0としたときの
回路のインピーダンスZ_0が求められたら
それらの二つの量を用いてブラックボックスを
簡単な等価回路に置き換えることができるよね
え
どういう
等価回路に
なるん
ですか?

等価回路はこのようになるよね
I
a
Z_0
Z
V_0
b
へ～
ほお～
真一君半分正解
え？なんのこっちゃ？
これを鳳・テブナンの定理というんだよ
ほ・う・
てぶなてる
なるほど「ほ～」で半分正解ね
秀才のギャグはつまんない…

あのぉ 開放電圧って何ですか？
開放電圧というのは端子a-b間にまったく負荷を接続しなかったときの電圧のことだよ
じゃあ回路内の電源を0にするということは？
電圧源なら短絡するし電流源なら開放するということだよ
つまり 電源を0にした状態だと端子a-b間はインピーダンスだけで構成されているわけだね
ということはそれらの合計のインピーダンスを求めればこの回路のインピーダンス Z_0 が求められるんだよ
電源を0にした状態
端子 a-b 間はインピーダンスだけで構成されている
あ！なるほど！
へ～
じゃなくて「ほお～」かな？

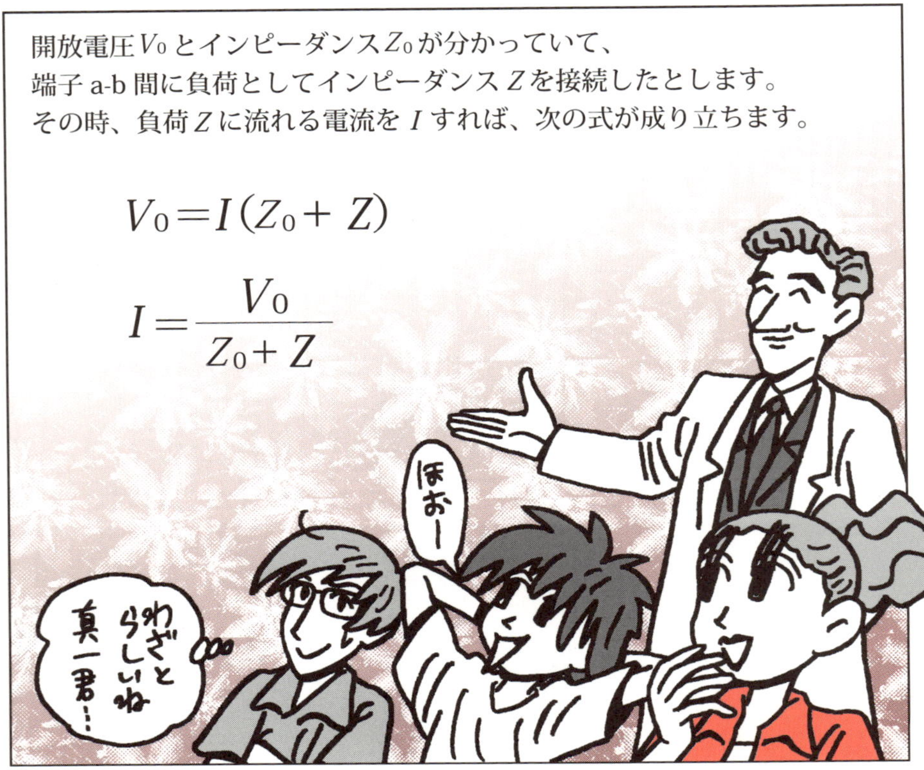
開放電圧 V_0 とインピーダンス Z_0 が分かっていて、
端子 a-b 間に負荷としてインピーダンス Z を接続したとします。
その時、負荷 Z に流れる電流を I すれば、次の式が成り立ちます。
$V_0 = I(Z_0 + Z)$
$I = \frac{V_0}{Z_0 + Z}$
ほおー
わざとらしいね真一君…

鳳・テブナンの定理は、重ね合わせの定理を用いて証明することができます。
P チェックポイント
・ブラックボックスを簡単な等価回路に置き換えます。

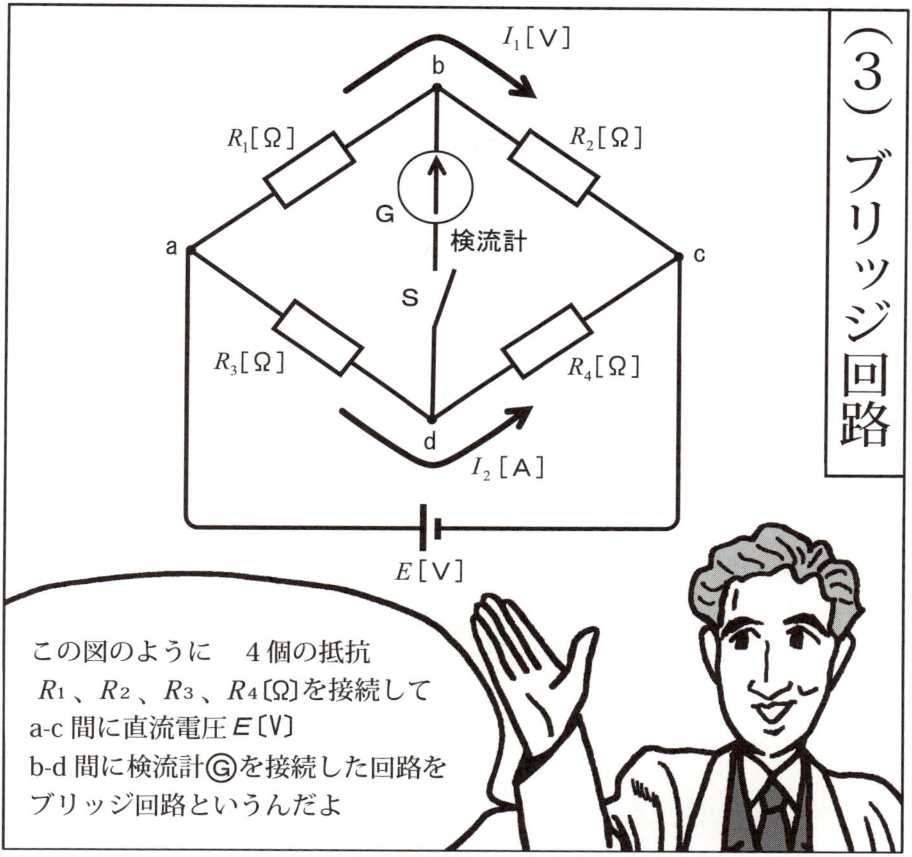
(3) ブリッジ回路
I_1［V］
b
R_1［Ω］
R_2［Ω］
G
検流計
a
c
S
R_3［Ω］
R_4［Ω］
d
I_2［A］
E［V］
この図のように　4個の抵抗
R_1、R_2、R_3、R_4〔Ω〕を接続して
a-c 間に直流電圧 E〔V〕
b-d 間に検流計Ⓖを接続した回路を
ブリッジ回路というんだよ

ブリッジ回路！
ひし形の回路は初めてですね
そうだね

このブリッジ回路のb-d間の電位差が等しいとこのような式が成り立つよ
$R_1I_1=R_3I_2$
$R_2I_1=R_4I_2$
このような状態をブリッジ回路が平衡しているというんだよ
平衡しているとスイッチSを閉じても検流計Ⓖには電流が流れない状態なんだ
ふ〜ん
そしてブリッジ回路が平衡しているとこうした式が成り立つよ…
$\frac{R_1I_1}{R_2I_1}=\frac{R_3I_2}{R_4I_2}$

この式からは次のような式が導き出されるよね
$R_1R_4 = R_2R_3$
この式がブリッジ回路の平衡条件ということになるよ
ねえ涼子ちゃん
この式ってよく見るとブリッジ回路のひし形の対辺の抵抗の積がお互いに等しくなってない？
ほんとだ！
R_1[Ω]
R_2[Ω]
R_3[Ω]
R_4[Ω]
$R_1R_4=R_2R_3$
真一君よく気が付いたわね

先生
どうなって
いるんですか?
本当に
よく気が
付いたね
この式を使って
ブリッジ回路の未知の抵抗の値を
求めることができるんだよ
うんうん
実は　先生は
これから
その未知の抵抗について
話そうとしていた
ところなんだよ
そうした回路を
ホイートストンブリッジ
といって　今
田崎君が指摘した要領で
未知の抵抗を
求めることができるんだよ
対辺の積は
等しいのです!

235
（3）ブリッジ回路

ただし　条件があって
ブリッジ回路の
スイッチSを閉じて
検流計Ⓖの値が
0になるように
R_4を調整しておく
必要があるよ
その状態で
未知抵抗X〔Ω〕を
求めることが
できるんだよ

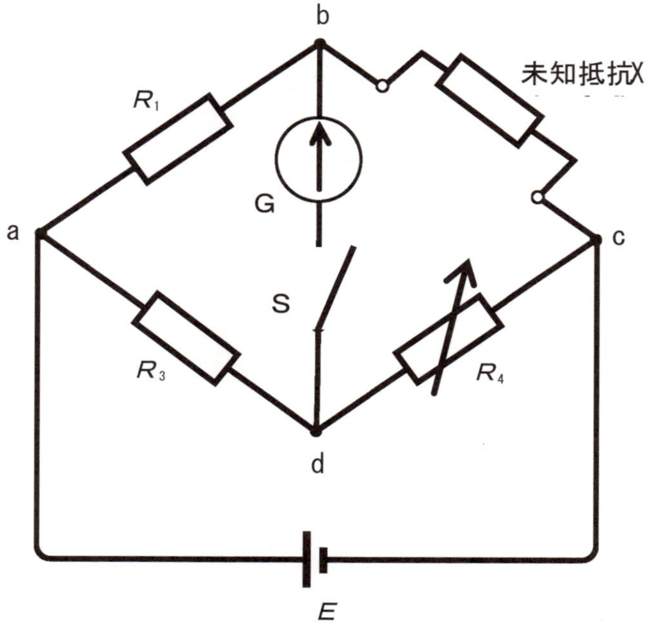
b
未知抵抗X
R_1
G
a
c
S
R_3
R_4
d
E

チェックポイント

・ホイートストンブリッジで未知抵抗を求めることができます。

R_2を未知抵抗とするなら、

$R_1 R_4 = X R_3$

$$X = \frac{R_1 R_4}{R_3} \text{〔Ω〕}$$

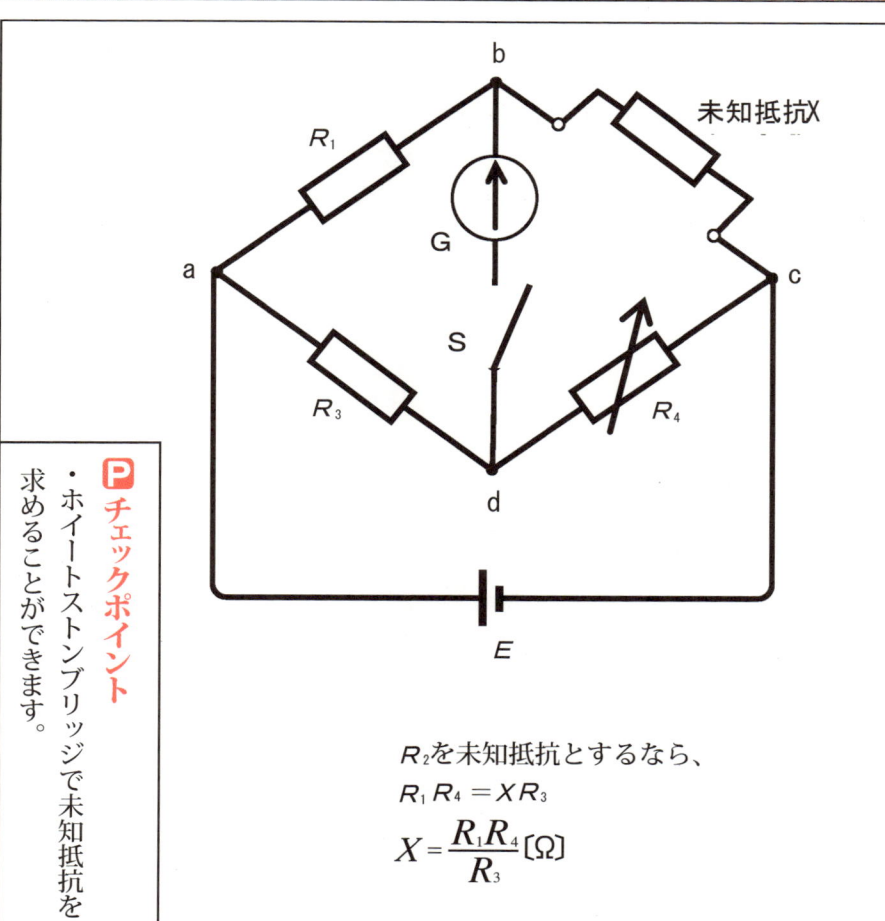

二人とも
よく
がんばってるね
英介さんに
電気回路を
教わっている
うちに
だんだん
電気が好きに
なりましたから
電気って　ものすごく
難解だと思ってましたけど
入口がわかると
お部屋の中には
楽しいことがたくさん
あるってことに
気付いたんです
ですから
今は楽しくって
うふ
なんか
話し方まで
優秀になって
きたよね
この先
教えてあげたいことは
たくさんあるんだが
まさしく　今
篠川さんが言ったように
電気回路の入口は
十分わかってもらえたと
思うよ

237
(3) ブリッジ回路

したがって
教えてあげられることはここまで…
ちょっと待ってください！
もしかしてこれで勉強が終わりってことじゃないですよね？
わたしたちもっと先生と英介さんに教わりたいんです～
う〜〜ん
とはいっても奥が深いですし…

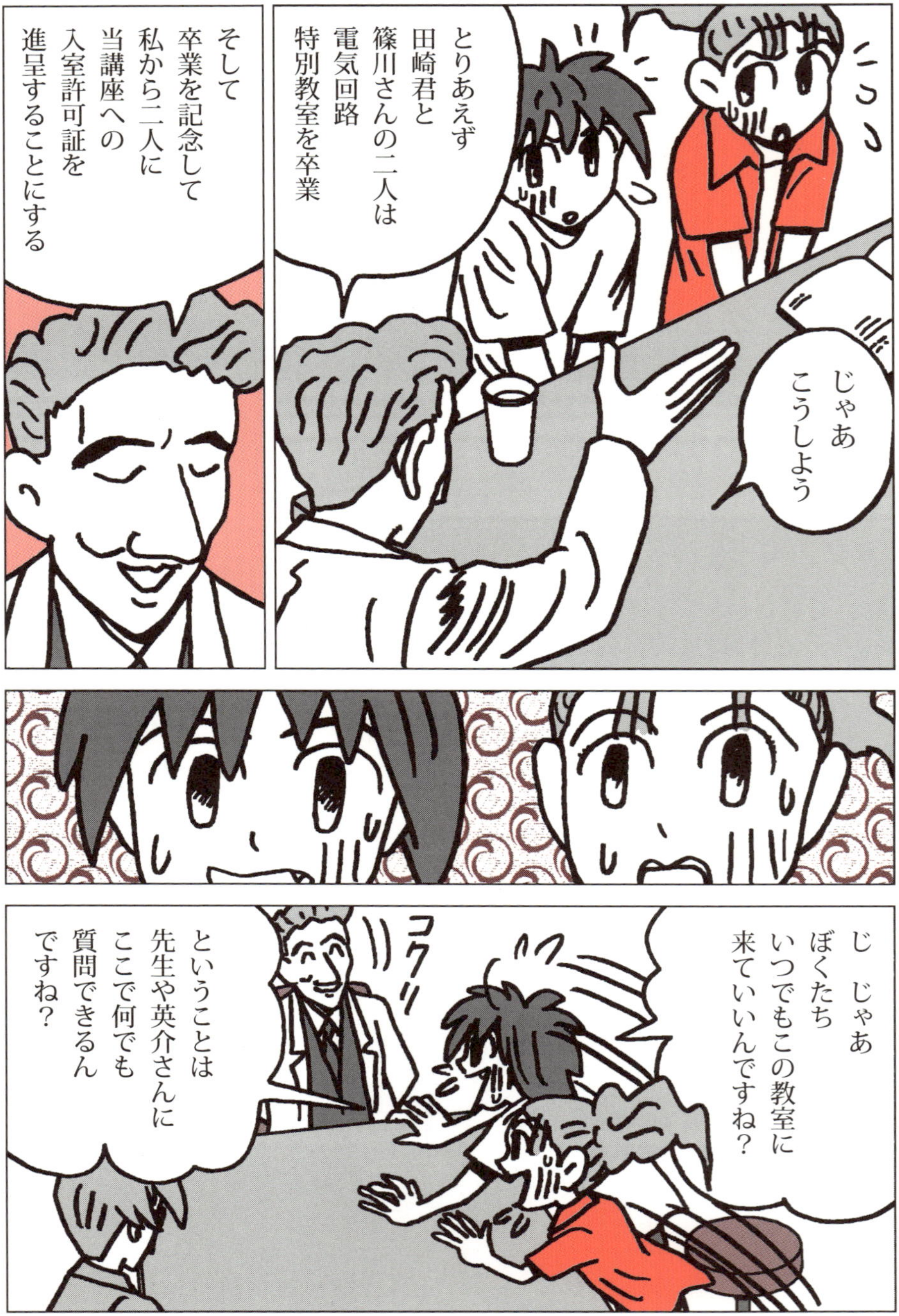
じゃあ
こうしよう
とりあえず
田崎君と
篠川さんの二人は
電気回路
特別教室を卒業
そして
卒業を記念して
私から二人に
当講座への
入室許可証を
進呈することにする
じ　じゃあ
ぼくたち
いつでもこの教室に
来ていいんですね？
コク
ということは
先生や英介さんに
ここで何でも
質問できるんん
ですね？

やったーー！
さすがは堂本教授！
よかったよかった
いぇい！東東京大学に合格したぞ！
わははは
え〜
おしまい

電気用図記号

①

名　　称	図記号	名　　称	図記号
抵抗器 （一般図記号）	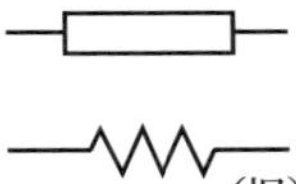 (旧)	コンデンサ	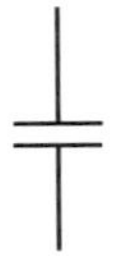
可変抵抗器	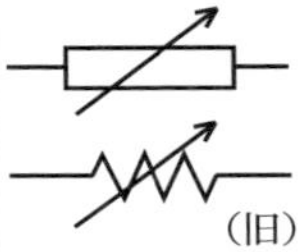 (旧)	可変コンデンサ	
インダクタコイル 巻線 チョーク （リアクトル）	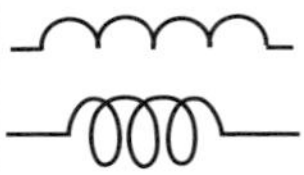 (旧)	磁心入インダクタ	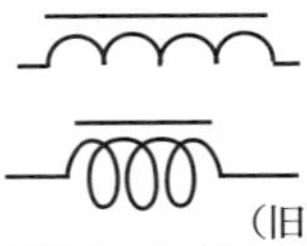 (旧)
半導体ダイオード	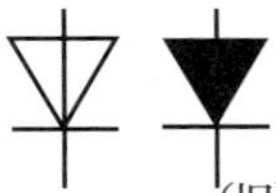 (旧)	PNP トランジスタ	
発光ダイオード	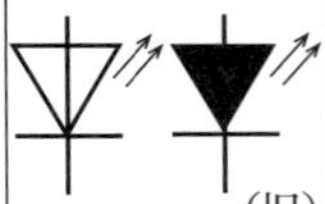 (旧)	NPN トランジスタ	
一方向性降伏 ダイオード 定電圧ダイオード ツェナーダイオード	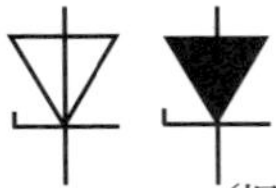 (旧)	直流直巻電動機	
直流分巻電動機		直流複巻発電機	
三相かご形誘導電動機		三相巻線形 誘導電動機	

電気用図記号

②

名　　称	図記号	名　　称	図記号
二巻線変圧器	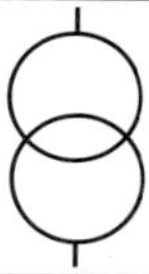	三巻線変圧器 様式1	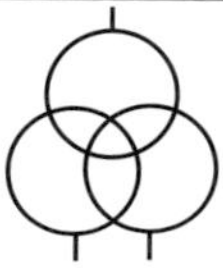
発電機（同軸機以外）		太陽光発電装置	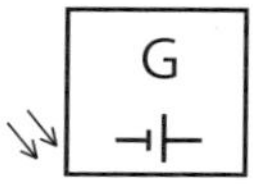
スイッチ メーク接点	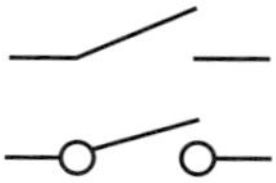 (旧)	ブレーク接点	
切換スイッチ	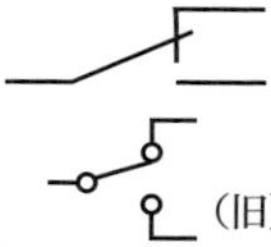 (旧)	ヒューズ	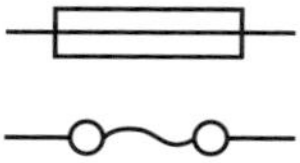 (旧)
電流計		電圧計	
周波数計		オシロスコープ	
検流計		記録電力計	
オシログラフ		電力量計	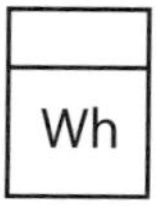

電気用図記号

③

名　　称	図記号	名　　称	図記号
ランプ		ベル	
ブザー		スピーカ	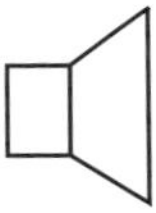
アンテナ		光ファイバまたは 光ファイバケーブル	
オペアンプ	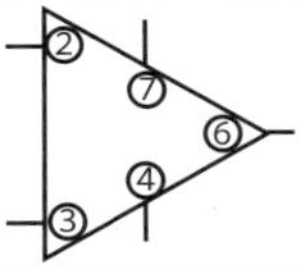	ルームエアコン	
換気扇		蛍光灯	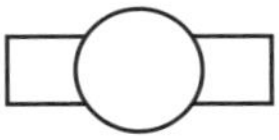
白熱電球		リレー	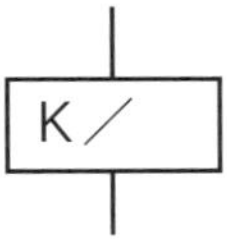
ヒータ	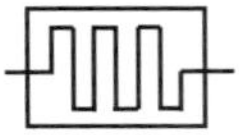	三巻線変圧器 様式２	
ルームエアコン		分電盤	

電気用図記号

④

名　　称	図記号	名　　称	図記号
配電盤		ジャック	J
コネクタ	C	増幅器	AMP
中央処理装置	CPU	テレビ用アンテナ	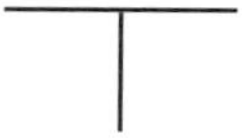
パラボラアンテナ	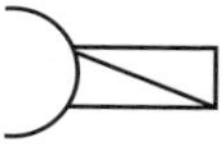	警報ベル	B
受信機	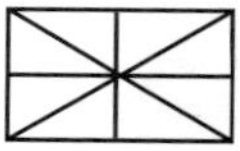	表示灯	
モニタ	TVM	警報制御盤	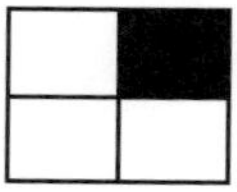
電柱		起動ボタン	E
煙感知器	S	熱感知器	

高橋達央プロフィール

1952年秋田県生まれ．マンガ家．
秋田大学鉱山学部（現工学資源学部）電気工学科卒．
主な著書は，「マンガ　ゆかいな数学（全2巻）」（東京図書），「マンガ　秋山仁の数学トレーニング（全2巻）」（東京図書），「マンガ　統計手法入門」（CMC出版），「マンガ　マンション購入の基礎」（民事法研究会），「マンガ　マンション生活の基礎（管理編）」（民事法研究会），「まんが　千葉県の歴史（全5巻）」（日本標準），「まんがでわかる　ハードディスク増設と交換」（ディー・アート），「［脳力］の法則」（KKロングセラーズ），「欠陥住宅を見分ける法」（三一書房），「悪徳不動産業者撃退マニュアル」（泰光堂），「脳　リフレッシュ100のコツ」（リフレ出版），他多数．著書100冊以上を数える．
趣味は卓球

マンガde電気回路

2009年2月10日　第1版第1刷発行

著　者　高橋　達央
発行者　田中　久米四郎

発 行 所
株式会社　電 気 書 院
www.denkishoin.co.jp
振替口座　00190-5-18837
〒101-0051
東京都千代田区神田神保町1-3　ミヤタビル2F
電話（03）5259-9160
FAX（03）5259-9162

ISBN 978-4-485-60010-8　C3354　㈱シナノ パブリッシング プレス
Printed in Japan

• 万一，落丁・乱丁の際は，送料当社負担にてお取り替えいたします．神田営業所までお送りください．
• 本書の内容に関する質問は，書名を明記の上，編集部宛に書状またはFAX（03-5259-9162）にてお送りください．本書で紹介している内容についての質問のみお受けさせていただきます．また，電話での質問はお受けできませんので，あらかじめご了承ください．